T0191475

EL MISTERIO DE LAS CIFRAS

MARC-ALAIN OUAKNIN

EL MISTERIO
DE LAS CIFRAS

Traducción de Jorge Salvetti

Revisión técnica de Pedro Crespo
(doctor ingeniero industrial)

Un sello de Ediciones Robinbook
Información bibliográfica
C/ Indústria, 11 (Pol. Ind. Buvisa)
08329 — Teià (Barcelona)
e-mail: info@robinbook.com
www.robinbook.com

Título original: *Mystères des chiffres*

© 2003, Éditions Assouline

© 2006, Ediciones Robinbook, s. l., Barcelona

Diseño de cubierta e interior: Cifra (www.cifra.cc)
Ilustraciones de cubierta: superior, Corbis (grabado de Arquímedes); inferior,
Cornelius Agrippa *(De Occulta Philosophia Libri II)*
ISBN: 84-96222-46-2
Depósito legal: B-865-2006
Impreso por Hurope, Lima, 3 bis - 08030 Barcelona

Impreso en España — *Printed in Spain*

ÍNDICE

«No heredamos la tierra de nuestros antepasados, la tomamos prestada de nuestros hijos.»

ANTOINE DE SAINT-EXUPÉRY

Por lo que dedico este libro a Gaddiël, Sivane, Shamgar y Nin-Gal.

AGRADECIMIENTOS

Este libro, como todos los anteriores, debe mucho a la enseñanza y a los consejos de mi padre el gran rabino Jacques Ouaknin (saludo, de paso, su enamoramiento por los cuadrados mágicos y las estrellas mágicas) y al estímulo atento, jovial y dinámico de mi madre Eliane Sophie Ouaknin (saludando también su pasión por el estudio y la enseñanza, siempre fiel a su clase de los lunes). Que los dos encuentren en estas líneas el placer y la dicha que siento de poder devolverles, como siempre, un modesto homenaje de afecto y de admiración.

Este gran viaje por el universo de las cifras no habría sido posible sin todos los investigadores que me precedieron, de los cuales muchos pertenecen a los dos últimos siglos. Pienso en particular en Geneviève Guitel y su *Histoire comparée de numérations écrites*, verdadera Biblia sobre la cuestión, al igual que en todos los Menninger y los Smith, los Dantzig, Renou, Filliozat y todos los demás, los veteranos de estas investigaciones.

Querría agradecer a todos aquellos que me acogen, ofreciéndome un lugar para el estudio y la amistad: Michel y Claude Kaminsky del curso de Spinoza, con la complicidad amigable y la eficacia de Monique y Gérard Sander (seminarios del Centro Alef), Joël Abisror y Lazare Kaplan (Círculo de Estudios Mary Kaplan, Zal), Hélène Attali (La Aliyah de los jóvenes, sinagoga de la calle Copérnico), Mirjam Zomersztajn y Raphaëlle (CCLJ, Bruselas). Que todos ellos encuentren aquí la expresión de mi calurosa amistad.

El tiempo del estudio, de la investigación y la escritura es siempre, a la vez, el tiempo del diálogo. Las ideas se comparten, se intercambian, se enseñan, se verifican en la confrontación con otros investigadores, con los estudiantes y amigos, siempre los primeros auditores del trabajo en curso. Que todos y todas reciban mi agradecimiento por su amistad, sus comentarios, y sus jidushim, que permiten profundizar, modificar el curso del pensamiento y abrir nuevas vías a la investigación.

Un agradecimiento especial a Françoise-Anne Ménager, quien, gracias a los largos estudios que hemos realizado sobre todas las cuestiones desarrolladas en este libro, me ha permitido descubrir y afinar diversos aspectos, tanto filosóficos y literarios como matemáticos, gracias a la amistad que me ha brindado y que, a menudo, no sólo me ha dado la energía necesaria para proseguir este trabajo, sino que le ha transmitido también a esta obra una tonalidad que mucho le debe; a Danielle Carassik, quien, bajo la benévola mirada de Edmond Rostand, fue una de las primeras lectoras de este libro y la primera en experimentar los efectos teaponchiques de los logo-ritmos; a Richard Rossin siempre presente y disponible para todas las aventuras poéticas más imprevisibles, una más «ulipiénica» que la otra...; a Katia y Sidney Toledano, quien durante una cena «india» abrió importantes perspectivas de investigación sobre la cuestión de la abstracción matemática, perspectivas determinantes para las reflexiones y la escritura de este libro; a Mitchelé y Leanoël por el canto y la música de la lluvia; a Lalou, Dvora Zeèv, Radu, Laura, y Hughes por la felicidad de las imágenes, de la voz, de las luces, del humor y las «planchas». Y a Joële por los panes y las bendiciones, a Marc P., Paollo, Daniel, Greg, Claudine, Clémence, Ion, Nicole, Lelia, Dan, por la imaginación y la pasión por la danza, del hálito y de las «jóvenes niñas en flor» de nuestro amigo Marcel; a Pierrette, Denis, Arine, Jean-Nicolas, Suzanne, Favio, Carine, Armand, Rachel, Jérôme, Paul, Steve, Patrick, Sylvian, por el piano y por los encuentros con las profundidades del alma; a Lazare, Coco y Pierre, Isabelle, Jean-Hughes, Célia, Alain, Marie, Roger, Vanina, Richard, Gérard y Antoine por los vuelos de inspiración de los martes; a Claudine Hazout, Laurence Dreyfus y Mathieu Briand por los misterios del 23; a Jean Daviot por el cielo al alcance de la mano; y a Sophie, por la generosidad y la justeza de su mirada.

Ajaron, ajaro, javiv... Gracias también a Ishtaq, «gran maestro del Jidush» (saludo asimismo a Pierrette), Aldo y Jeanne Naouri, a Geroges Pragier, Nathelie Seroussi, Gérard y Élisabeth Garouste, por los colores y las formas siempre renovados de la pasión y el estudio.

Gracias a Valérie y Gisèle Franchomme que tuvieron el talento de dar a este libro toda la audiencia que él esperaba.

Esta nueva versión debe mucho a las reacciones de los lectores que tuvieron la gentileza de enviarme sus comentarios, acotaciones y críticas, para que pudiera corregir y mejorar tanto el texto como la iconografía. Gracias a todos ellos.

También deseo ofrecer mi agradecimiento al equipo de Éditions Assouline, cuyo gentil recibimiento y experiencia permitieron a este libro ver la luz, a Francesca Alongim Christine Claudon, Julie David, Mthilde Dupuy d'Angeac, Charles Fritscher, Kay Guttmann, Clément Humbert y Nelly Riedel. Gracias también a los responsables de esta edición en castellano. Gracias a todos ellos.

Por último, quiero expresar aquí mi muy profunda gratitud a Martine y Prosper Assouline, quienes, más que nunca, me demostraron que es posible conjugar a la perfección el arte del libro y el de la amistad.

INTRODUCCIÓN

¡Oh, qué pequeño es el mundo!
¡Oh, qué grandes son las cerezas...!

«Números» y «cifras»

La primera pregunta que, sin duda, se presentará a la mente del lector es la misma que me planteé durante años: ¿qué diferencia hay entre «cifra» y «número»? Con frecuencia, empleamos indistintamente un término u otro.

La cifra es una manera de anotar o de escribir un número. La cifra es un hecho lingüístico y gráfico. Los números, en cambio, existen independientemente de las cifras. Observemos la imagen siguiente:

Dignatarios y escribas ante el rey, detalle de un mural del palacio de Till Barsip (Asiria).

En ella aparece representada una cierta realidad que se traducirá de distinta manera, según quien la perciba. De seguro, el hecho de que hay en ella cuatro personajes resultará claro a todo observador.

Pero la manera en que cada uno anotará por escrito este hecho dependerá de su cultura, de su lengua y de su época.

Ya se escriba «4» «IV» o «Δ», se tratará del mismo número de personajes. Sólo varían los signos utilizados para representarlos. Y son precisamente estos signos o sistemas de notación los que se denominan cifras.

Se comprende por ello que pueda haber una infinidad de sistemas de notación númerica o de cifras. La historia nos enseña que toda gran civilización propuso su propio sistema de notación, sus propias cifras, es decir, sus propias marcas, sus propios signos. Es así como existen las cifras babilónicas, las egipcias, las chinas, las griegas, las hebreas, las mayas, las cifras indias, las cifras árabes y las cifras modernas.

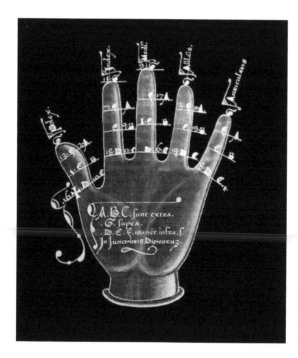

Dibujo de una mano extraído de un manual de cómputo digital, publicado en el siglo XV.

Los distintos sistemas de numeración

Se distinguen tres sistemas de numeración según las épocas y la simbolización utilizada para representar los números.

La númeración primitiva

Ésta se limita a repetir un signo, que se hace corresponder con un objeto. En la actualidad, aún empleamos esta numeración primitiva para los dados, los dominós y las cartas. La repetición de la misma campanada que dan los relojes para indicar la hora también constituye un ejemplo de este sistema de numeración.

En él no se emplean símbolos, sino distintos objetos o numeraciones que sencillamente quedaron en un nivel de simbolización puramente oral.

Esferas de arcilla selladas que en su interior contenían fichas y *calculi*, utilizados para contabilizar, por ejemplo, cabezas de ganado, proveniente de Susa hacia el 3300 a. C.

La numeración antigua

Este sistema o bien se vale de signos y símbolos muy precisos (y entonces se habla de numeración simbólica, como la de los babilonios, egipcios o mayas), o bien emplea letras del alfabeto, en cuyo caso se denomina numeración alfabética, como la de los griegos y de los hebreos. Para subrayar el hecho de que no se trata aún de cifras modernas, puede emplearse la expresión «signos numéricos».

La numeración moderna

Se denominan «cifras modernas» a los signos numéricos utilizados actualmente en todo el mundo como una adquisición cultural universal:

$$0 \ 1 \ 2 \ 3 \ 4 \ 5 \ 6 \ 7 \ 8 \ 9$$

Es de destacar la gran resistencia que opuso Europa a la adopción del cero, criatura enigmática y diabólica, que habría pretendido que la «nada» y el vacío existen. ¡Qué pretensión! ¡Qué insolencia! ¿Cómo sería posible el cero, puesto que Dios está en todas partes y llena el universo con su gloria infinita?

La numeración moderna posee tres características que la convierten en un sistema de numeración superior a todos los que lo precedieron, y que explican por qué este sistema terminó imponiéndose en todo el mundo como la forma habitual de numeración:

- La existencia de los diez signos numéricos 0, 1, 2, 3, 4, 5,6, 7, 8, 9.
- Un principio de posición de base 10.
- El concepto de cero.

La «numeración de posición» o «numeración posicional» significa que el valor de una determinada cifra depende de la posición que ésta ocupe en la escritura de un número. La tercera característica de la numeración decimal moderna es la utilización del cero, a la vez cifra y número, con la capacidad de intervenir de pleno derecho en los cálculos. ¿Cómo escribir el número 6 millares + 7 decenas + 1 unidad? Respuesta de los primeros indios: 671. ¿Y cómo escribir el número 6 millares + 7 centenas + 1 unidad (lo que actualmente escribiríamos 6.701)? Respuesta: 671.

¡Toda una ambigüedad!

Cifras romanas.

Cifras árabes modernas, tipo oriental.

Cifras modernas.

Cifras egipcias que representan el número 1.234.567.

Cifras maya: 5, 15, 8 y 18.

(Según Peignot, *Du Chiffre*, J. Damase, París, 1982.)

Varas con muescas de los aborígenes de Australia: utensilio mnemotécnico numérico utilizado desde los tiempos prehistóricos.

En sus inicios, los matemáticos indios evitaban esta ambigüedad, o bien basándose en el contexto o bien dejando un «blanco» en el lugar adecuado. Según este método, el primer número se escribía «6 71» y el segundo, «67 1». Más tarde, mucho más tarde, Brahmagupta, un matemático indio del siglo VI, concibió la idea de que, después de todo, este «blanco» era un número tanto como los otros, es decir, el número que correspondía a la cantidad «nada». Propuso, entonces, representarlo mediante un círculo pequeño. Y así, gracias a la presencia del signo «cero», ya no confundimos 6.071 y 6.701.

La noción de base

Todos los sistemas de numeración tienen en común el hecho de utilizar, para anotar los números, una cantidad limitada de símbolos, denominados cifras, y recurrir al «principio de agrupamiento por paquetes»; lo que suele llamarse una base. La base más utilizada en el mundo es la base diez.

Existen numeraciones en las que se procede con agrupamientos sucesivos, mediante potencias de un número distinto a diez, como las bases 12 y 60, utilizadas por los babilonios, y de las que aún nos valemos en la actualidad para medir o calcular el tiempo.

La revolución matemática

El presente trabajo está consagrado a las cifras y los números, a las relaciones que mantienen entre sí y con el mundo. Estas relaciones determinan la teoría de números, la geometría y todo lo que directa o indirectamente se refiere a estas dos ciencias. Pero estas ciencias se desarrollan en un universo aún más general, que lleva el nombre de «matemática».

El término «matemática» proviene del griego *ta mathémata* —«lo que puede aprenderse» y, por ende, también «lo que puede enseñarse»—. *Manthanein* significa «aprender»; *mathesis* significa «lección», en el doble sentido de «lo que se aprende» y «lo que se enseña».

En realidad, las matemáticas comienzan cuando dejan de proponer un simple resultado numérico establecido a partir de un objeto singular y concreto, como era el caso para los egipcios y los babilonios, para postular verdades que conciernen a toda una clase de seres.

Clasificación y armonía

Este nacimiento de las matemáticas llevó a los matemáticos filósofos a clasificar los números de acuerdo con distintos criterios y relaciones particulares que éstos mantienen entre sí. Fue sobre todo Pitágoras y su escuela quienes iniciaron esta investigación. Así nacieron las diferentes clases de números: perfectos, amigos, pares e impares, triangulares, cuadrados, cúbicos, racionales e irracionales, etc., y la clase, un poco extraña, de números inconmensurables.

¿Les dice algo el nombre de «números enteros»? ¿Y los «racionales»? No se preocupen si lo han olvidado. Lo mismo me sucedió a mí. Fue al ir escribiendo este libro que estos temas se volvieron claros y apasionantes para mí. Y fueron precisamente los «números racionales e irracionales» los que más me sorprendieron. Al descubrirlos (o redescubrirlos), sentí una verdadera fascinación.

Los números irracionales: una metáfora filosófica

Desde una perspectiva filosófica, los irracionales son muy interesantes: ¡lo irracional es lo imprevisible! «No conozco el día de mi muerte», dice Isaac en un célebre versículo del Génesis (27,2). Lo irracional significa avanzar por la vida con la certeza de que nada es seguro.

Lo que también nos dicen los números irracionales es «que una práctica milenaria de ritos y una transmisión milenaria de creencias no aportan ninguna certeza sobre la existencia de los espíritus, el poder infinito de Dios, la eficacia funcional de la plegaria. Que en todo caso, sigue habiendo una zona de ambigüedad, una brecha infranqueable entre el cerebro y el mundo fenoménico, que colman las creencias, los «dobles», los espíritus, los dioses, las magias y sus herederas, las teorías racionalistas». (E. Morin, *El paradigma perdido*, Kairós, Barcelona, 1993.)

Números y psicoanálisis

Jamás se me había ocurrido descubrir ningún tipo de relación entre los números y el sexo o, para expresarlo más suavemente, entre los números y la sexualidad. ¡Y sin embargo! Ya los pitagóricos sintieron, pensaron y decidieron que los números pares eran femeninos y los impares masculinos, lo que dio esta ecuación sexual sorprendente; 2 más 3 igual a 5, recibiendo este último número el nombre de «nupcial», simbolismo que aún hoy nos concierne. De este modo, los irracionales nos invitan a tender un puente entre el mundo de los números y el psicoanálisis.

«¡No hay relación sexual!», dice Lacan, frase en la que «relación» tiene el sentido de relato, de narración, como, por ejemplo, en la *Brevísima relación de las Indias* de Bartolomé de las Casas. De este modo, esta expresión enigmática significaría que no puede hacerse ningún relato de esta relación, dado que ella excede siempre la posibilidad de referir con precisión su contenido. Toda palabra sería reduccionista. Ningún discurso podría jamás relatar la infinita complejidad de este acontecimiento.

Infinidad en acto del acto mismo, en tanto que es el acto de excederse. El sexo se excede por esencia, y es por esto que, por esencia también, se excita. De igual modo, el deseo, cuando se apacigua, no por ello se extingue. El supuesto placer «terminal» sólo termina una secuencia en un movimiento que es, en verdad, interminable. El acto se consuma, no cesando, no hace ni uno ni dos, no tiene resultado, no deja de comenzar y no cesa de concluir.

Jean-Luc Nancy, *El «hay» de la relación sexual*,
Síntesis, Madrid, 2003

Si cedí a la tentación de articular los números con campos externos a las matemáticas fue porque la experiencia de la presente investigación me hizo sentir y comprender, más que nunca, que el pensamiento no puede aislarse en un universo cerrado, sino que todo pensamiento digno de este nombre es un pasadizo que conduce hacia otros mundos, intelectuales y espirituales.

Fue con la intención de resaltar este aspecto transversal que me complací en incluir, como epígrafes al inicio de cada capítulo, y en diversas partes del libro, citas poéticas o filosóficas que ilustran, directa o indirectamente, los temas en sus diferentes contextos. Una manera, quizá, de hacer que resuene, en el seno mismo del «amor a la sabiduría», la «sabiduría del amor».

Este libro constituye la secuencia lógica de mis investigaciones sobre el nacimiento y la evolución del alfabeto y la kábala. Cual un arqueólogo a la búsqueda de las formas originales y fundacionales de la cultura de la humanidad, he vuelto a descubrir el mundo de las cifras, un mundo que se impuso al hombre de manera evidente e ineludible.

Quiero formular, para concluir, el deseo de que los lectores puedan, gracias a la presente obra —que evidentemente merecería desarrollos mucho más amplios—, a través de sus ilustraciones y ejemplos, de sus juegos y, en ocasiones, de su humor, volver a encontrar, a la vez, uno de los fundamentos más esenciales de la inteligencia humana y los placeres del alma.

Algunas fórmulas desarrolladas durante una explicación sobre la teoría de las distribuciones, descubierta por Laurent Schwartz.

Libro primero: Cifras

NACIMIENTO Y EVOLUCIÓN DE LAS CIFRAS MODERNAS

1. Un nacimiento indio (del siglo III a. C. al siglo IX d. C.)

1.1. EL AJEDREZ Y LAS MATEMÁTICAS

Los libros son como la primavera:
florecen en silencio,
para la persona justa, en el momento justo
PHILLIP SOLLERS

Comencemos con una historia...

Se trata de una leyenda muy conocida, y como toda leyenda, se remonta a una época muy lejana. Sus múltiples autores la han transmitido, agregando, en cada ocasión, uno o varios detalles, siempre con el propósito de volverla más bella y verdadera.

Un maestro indio, cuyo nombre varía según las distintas versiones de la leyenda, pero al que llamaremos Sessa, inventó un juego que la posteridad designaría (en castellano al menos) con el nombre de «ajedrez». Algunos sitúan la historia bajo el reinado del rey indio Balhit, que vivió ciento veinte años después del rey Poro, quien fuera derrotado por Alejandro Magno a orillas del río Hidaspes. Otros dan como época de esta historia el siglo VI o VII de nuestra era.

Con el correr de los siglos, el juego de ajedrez llegó hasta nosotros, pero no sin antes sufrir múltiples modificaciones. En sus comienzos, se jugaba con dados y entre cuatro participantes. Entonces se denominaba *chaturanga* (también suele transcribirse *caturanga*), término sánscrito que significa, según unos, «cuatro compañeros de armas», y según otros, «de cuatro miembros», en referencia a las cuatro unidades de los ejércitos indios, «elefantes, carros, caballería e infantería». En persa c*haturanga* se transformó en *chatranj*, a su vez, esta palabra, al pasar al árabe y sumársele el artículo *a(l)*, más las modificaciones fonéticas previsibles, dio *axetrench*. Es de esta última forma que proviene su nombre en castellano.

Luego, el día en que los dados y el elemento de azar a él ligado fueron abandonados, nació el juego de ajedrez. Pero no era aún el juego que conocemos en la actualidad. Por ejemplo, la poderosa reina todavía no existía. El ajedrez emigró rápidamente de la India hacia Persia, donde, como dijimos, adoptó primero el nombre de *chatranj*, y más tarde el de *shâh mât*, «jaque mate», o sea «El *sha* (el rey), está muerto».

Los árabes llevaron el ajedrez a España a partir del siglo XI. El juego se difundió, luego, por toda Europa. Es interesante destacar que todas las piezas simbolizaban a los guerreros del ejército persa.

Fue hacia 1485 que la reina hizo su primera aparición sobre el tablero de ajedrez, reemplazando la pieza que hasta entonces había sido el visir o consejero del rey. Esta tansformación es atribuida a la aparición en Italia de personalidades políticas femeninas. Personalidades femeninas presentes también en la España de la misma época, si recordamos, por ejemplo, la figura de Isabel la Católica.

El rey del ajedrez, por el artista Sami Briss.

Ciertos investigadores y jugadores de ajedrez franceses ven en la reina un efecto del aura que desde el Medievo acompañó en Europa a la figura de Juana de Arco (según Anthony Saidy, *Batalla de las ideas en ajedrez,* Martínez Roca, Barcelona, 1978).

Las piezas indias del juego de ajedrez estaban esculpidas en materiales nobles, como marfil y maderas preciosas. En los siglos XVIII y XIX, los dos adversarios tomaron la forma, por un lado, de los indios, con sus trajes tradicionales y sus carros de guerra, y, por el otro, de las tropas de las compañías británicas de las Indias orientales.

Las torres primitivas eran transportadas por elefantes. Los nombres de las piezas son equivalentes en todas las lenguas, salvo el alfil. Los franceses lo llaman el *fou,* el «loco» o «bufón»; los alemanes *Laufer,* el «corredor»; los ingleses *bishop,* «obispo», y lo representan con una mitra en la cabeza.

¡Pero volvamos a nuestra historia!

El maestro creador del ajedrez ofreció su invento al monarca del gran reino de las Indias. Fue tal la fascinación que sintió el rey con este juego, y halló tanto placer en él, que concibió el deseo de recompensar al maestro indio con un obsequio que estuviese a la altura de su genio. Le dijo que podría escoger él mismo su recompensa. El rey suponía que el maestro le pediría algo extraordinario, palacios, manadas de elefantes, joyas valiosísimas, tierras, etc. Pero, no, no le pidió nada de todo eso. Fue una petición muy humilde la que formuló el maestro de ajedrez.

—Desearía recibir unos granos de trigo —dijo.

—¿Eso es todo? —respondió asombrado el rey.

—Sí, es todo. Bueno, en realidad, no es tan poco. Quiero la cantidad de granos de trigo necesaria para llenar todos los casilleros del tablero de ajedrez de la siguiente manera: un grano de trigo para el primer casillero, dos para el segundo, cuatro para el tercero, y así sucesivamente. Que en cada casillero haya el doble de granos que en el casillero anterior.

El rey se sintió ultrajado por el pedido que, según creía, no estaba a la altura de su inmensa riqueza. Pero dado que ése era el deseo del maestro de ajedrez, consintió en concederle la recompensa que solicitaba... Según una versión de la leyenda, en ese preciso instante, una gran sonrisa iluminó el rostro del maestro de ajedrez, quien, luego de saludar al rey, abandonó el palacio.

El soberano mandó llamar a su gran intendente para que ejecutara la petición del maestro. Pensó que el cálculo del número de granos que debería pagar al maestro de ajedrez era una operación extremadamente simple. En efecto, multiplicar un número de granos por dos, ¿qué podría ser más simple que eso?

¡Cuál fue su sopresa, cuando su intendente le hizo saber que los cálculos eran más largos y complicados de lo previsto! Para realizar los cómputos, los matemáticos del rey utilizaban sus dedos y las tablas de contar tradicionales.

Como el rey consideró que los cálculos llevaban demasiado tiempo, preguntó a sus consejeros si no conocían en su reino calculadores con métodos más rápidos. Uno de sus ministros respondió que una vez había oído decir que había, en una de las provincias al norte del reino, calculadores que empleaban técnicas más veloces y eficaces que las utilizadas por los matemáticos de la corte. Todos los cálculos se hacían de una manera simple y rápida, a veces, incluso en unas pocas horas. El rey mandó buscar a estos hábiles matemáticos que resolvieron el cálculo en un tiempo récord, y dieron al rey el siguiente resultado sorprendente:

«La cantidad de trigo necesaria para recompensar al maestro de ajedrez es enorme. Hacen falta exactamente: 18.446.073.709.551.615 granos. Y si vuestra majestad realmente quiere pagar su deuda, agregaron los calculadores, tendrá que transformar toda la superficie de la tierra en un inmenso campo de trigo.» Otra versión de la leyenda añade que habría que sembrar 73 veces seguidas la totalidad de esa superficie para obtener la cantidad de trigo necesaria (76 veces según algunas versiones).

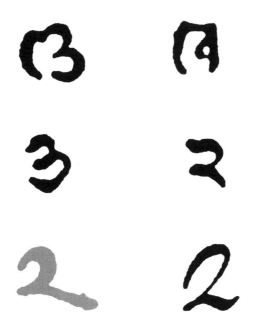

Variaciones de la cifra 2 según las distintas escrituras indias. Tomado de Smith, *op. cit.*, p. 74.

Detallados cálculos matemáticos, realizados mucho tiempo después, precisan que haría falta reunir el trigo en un volumen de casi 12 billones y 3 mil millones de metros cúbicos, para lo que habría que construir un granero de 5 metros de ancho, 10 metros de largo y 300.000.000 kilómetros de profundidad, o sea una altura equivalente a dos veces la distancia de la Tierra al Sol.

Churkrum o tabla de contar.

(Sobre esta leyenda, ver Iakov Perelman (1882-1942) en *Matemáticas recreativas*, Martínez Roca, Barcelona, 2000. Iakov Isidorovitch Perelman es uno de los más destacados divulgadores científicos del siglo xx. Todos sus libros gozaron en Europa de un gran éxito. *Matemáticas recreativas* sigue siendo su libro más apreciado: es la obra más representativa de su talento de pedagogo y de su genio creador.)

1	2	4	8	16	32	64	128
256	512	1024	2048	4096	8192	16384	32768
54436	131072	262144	524288	1048576	2097152	4194204	8388608
1677 7216	3355 4432	6710 8864	1342 17728	2684 35456	5368 70912	1073 741824	2147 483648
4294 967296	8589 934592	1717 9869184	3435 9738368	6871 9476736	1374389 53472	2748779 06944	5497558 13888
1099511 627776	2199023 255552	4398046 511104	8796093 022208	1759218 6044416	3518437 2088832	7036874 4177664	14073 74883 55328
28147 49767 10656	56294 99534 21312	11258 99906 842624	22517 99813 685248	45035 99627 370496	90071 99254 740992	18014 3985094 81984	3602879 7001896 3968
720575 940379 27936	144115 188075 855872	288230 376151 711744	576460 752303 423488	115292 1504606 846976	230584 3009213 693952	461168 6018427 387904	9223372 0368547 75808

El número de cada casillero representa la progresión matemática de la cantidad de granos que, sumados entre sí, da el total de la recompensa solicitada por el inventor del juego del ajedrez.

Frente a la enormidad de este número, el rey solicitó ser iniciado en estos nuevos métodos matemáticos y sus cálculos.

Los matemáticos explicaron entonces al rey los fundamentos de la revolucionaria numeración de los sabios del norte de la India.

Así fue cómo el rey descubrió las cifras indias —los nueve signos que se convertirían en nuestros 1, 2, 3, 4, 5, 6, 7, 8, 9, pero también la numeración «de posición» y la existencia y utilización del *shûnya*, esa extraordinaria novedad: el cero.

Hicieron juntos el cálculo y el rey pudo confirmar que la cantidad de granos solicitada por el maestro de ajedrez sumaba, en efecto, el número exacto de:

$$¡¡¡18.446.073.709.551.615!!!$$

Esta leyenda, por un lado, resalta la existencia de métodos de cálculo rápidos, el conocimiento de un sistema decimal y de un sistema de logaritmos, y, por el otro, da prueba del gran desarrollo y el alto nivel alcanzado por las ciencias matemáticas de la India. Testimonia, también, un amor muy particular por los grandes números, en torno al cual los indios desarrollaron además una poética singular, con la imagen central de la flor de loto. Ésta vale, según los diferentes contextos, 109 (mil millones), 1.014, 1.014, 1.029, 10.119. (Sobre esta cuestión, ver Louis Frédéric, *Le Lotus*, Éditions du Félin, 1990.)

1.2. LAS MATEMÁTICAS INDIAS

Estar vivo es estar hecho de memoria.
Si un hombre no está hecho de memoria,
no está hecho de nada.

PHILIP ROTH

Salir de un prejuicio

Sabemos muy poco de las matemáticas indias. Hay varias razones para ello. La principal es, sin lugar a dudas, el hecho de que durante mucho tiempo los historiadores de las ciencias pensaron que la ciencia india carecía de originalidad y que estaba basada en nociones tomadas de los griegos y más tarde de los árabes. En cuanto a los especialistas de la India, éstos se interesaban principalmente por los aspectos culturales, por las religiones, por las filosofias de la India y, por lo tanto, contribuyeron a fortalecer en el gran público la idea de que la India no era, después de todo, más que una nación de filósofos, de gramáticos y de sabios contemplativos. En resumen, la India debía su grandeza mucho más a sus filosofías y religiones que a su ciencia. Sin embargo, las investigaciones más recientes en el campo de la historia de las ciencias y las técnicas de la India muestran que, en realidad, éstas habían alcanzado un altísimo grado de desarrollo. Existe una enorme cantidad de obras, manuscritos redactados en sánscrito y en otras lenguas del subcontinente asiático, que duermen olvidadas en las bibliotecas indias. Son cientos y cientos de documentos que esperan el fructífero examen de los estudios filolológios, filosóficos, psicológicos y, naturalmente, científicos.

(Para todo este capítulo, ver Richard Mankiewicz, *Historia de las matemáticas:del cálculo al caos*, Paidós Ibérica, Barcelona, 2002; ver también *Le Matin des Mathématiciens*, conversaciones presentadas por Émile Noël, Belin, 1985.)

Matemáticas rituales y litúrgicas

Los primeros elementos que permiten reconstruir la historia de las matemáticas en la India se encuentran en los *Vedas*, recopilaciones o colecciones de himnos, de cantos litúrgicos, de fórmulas sacrificiales, cuyas porciones más antiguas se remontarían a unos 1.500 años a. C.

Los conocimientos contenidos en esta literatura védica poseen un carácter elemental, pragmático: se trata básicamente de elementos de geometría, utilizados en la construcción de las edificaciones necesarias para la realización del ritual védico. Los primeros textos védicos tratan, en esencia, de la religión y del ceremonial. Los más importantes, desde el punto de vista matemático, son los apéndices de los principales *Vedas*, los *Vedanga*. Éstos están escritos en forma de *sûtra*; breves aforismos poéticos, propios del sánscrito, que intentan condensar y transmitir la esencia de un razonamiento de la manera más concisa y mnemotécnica posible. Los *Vedanga* tratan de seis materias: la fonética, la gramática, la etimología, la poesía, la astronomía y los rituales. Sólo los dos últimos nos informan verdaderamente sobre las matemáticas de la época. El Vedanga de astronomía lleva el nombre de *Jyotisûtra*, mientras que el Vedanga de los rituales es el *Kalpasûtra*, que dedica una parte, los *Sulvasûtra*, a la construcción de los altares sacrificiales.

Una geometría empírica

Los primeros *sulvasûtra* (algunos autores escriben *sulbasûtra*, ya que la *v* y la *b* era intercambiables, como en *bindu* y *vindu*, el «punto» con que se indica el cero; ver más adelante el capítulo dedicado a este número) fueron redactados hacia el 800-600 antes de nuestra era, con anterioridad a la codificación del sánscrito realizada por Panini. La geometría se desarrolló con el fin de garantizar la perfecta adecuación de las dimensiones, la forma y la orientación de los altares a las reglas prescritas por las escrituras védicas.

El más antiguo de estos *sulvasûtra*, atribuido a un cierto Baudhâyana, enuncia el teorema llamado de «Pitágoras». Baudhâyana da incluso un valor aproximado para la raíz cuadrada de 2 que es correcto hasta el quinto decimal. También nos informa sobre la construcción de polígonos simples, como el cuadrado, el rectángulo y el triángulo. Brinda además distintos métodos utilizados para transformar una determinada figura geométrica en otra; por ejemplo, un cuadrado en un rectángulo. Los *sulvasûtra* también conocen el famoso problema de la cuadratura del círculo.

Estos textos nos instruyen, asimismo, sobre los instrumentos utilizados por los geómetras: cuerdas de diferente longitud, reglas

Manuscrito sánscrito. Puede apreciarse claramente la diferencia entre la escritura de las letras y la de los números. Tomado de *Le Matin des mathémiciens*, p. 131.

y compases de bambú, trozos de madera tallada que servían para delimitar y trazar líneas sobre el suelo. Pero esta geometría evolucionó muy poco después de la época de los *sulvasûtra* y, de naturaleza intuitiva, siguió basándose en reglas empíricas, contrariamente a la de los griegos, quienes sobrepasaron el estadio empírico mediante fórmulas geométricas abstractas y generales.

La obra de Âryabhata

Fue sobre todo en el campo de la aritmética, el álgebra y de la trigonometría que se destacaron los matemáticos de la India antigua, alcanzando en épocas bastante tempranas resultados asombrosamente cercanos de las concepciones modernas.

El más antiguo de todos los tratados de astronomía que llegó hasta nosotros es el de un sabio indio que aún goza de gran celebridad, Âryabhata (476-550). La obra de este estudioso se remonta a los comienzos del siglo VI: nació en el año 476, y las observaciones astronómicas sobre las que se basa el canon astronómico que fijó datan aproximadamente del año 500.

Âryabhata es considerado el más grande de los matemáticos indios; como homenaje de reconocimiento, el primer satélite artificial indio, lanzado al espacio el 19 de abril de 1965, fue bautizado con su nombre. Su obra está escrita en sánscrito. Aryabhata creó escuela y, durante muchos siglos después de su muerte, toda la astronomía india se basó fundamentalmente en el canon fijado por él.

Otros sabios también alcanzaron celebridad y sus nombres quedaron grabados para siempre en la historia de las matemáticas indias; entre ellos podemos citar a Brahmagupta, comentador de Âryabhata, y a otro gran matemático, Bhâskara.

También es en la obra de Âryabhata donde encontramos un valor aproximado para π cercano a 3,1416. Nueve siglos más tarde, el astrónomo y matemático Mâdhava (Mâdhava de Sangamagramma, 1340-1425) logró calcular el perímetro de una circunferencia, y obtuvo un valor aproximado para π correcto hasta el undécimo decimal: π = 3,14159265359. Un matemático llamado Nilakantha, un siglo después, utilizó la fracción 355/113, que equivale a un valor relativamente exacto de π:

$$3,14159290353982300884955752124$$

La gran revolución de los matemáticos indios

Más allá de todo el saber matemático, geométrico y astronómico que acabamos de mencionar, lo que sigue constituyendo la verdadera revolución de las matemáticas indias es la numeración decimal de posición, con la utilización de las nueve cifras unitarias de 1 a 9, y el empleo del cero, funcionando a la vez como separador dentro de la numeración de posición y como número. Por lo tanto, dedicaremos los siguientes capítulos a estas cifras y a este sistema de numeración.

1.3. LA EVOLUCIÓN DE LA ESCRITURA INDIA

El libro que recordamos
es el libro que deseábamos escribir.
EDMOND JABÈS

Existe un estrecho paralelo entre la evolución de las letras de la escritura india y la de las cifras en los mismos lugares y periodos. Para alcanzar una comprensión general del nacimiento de las cifras, primero es importante conocer la evolución de la escritura india, y éste será el tema del presente capítulo.

Primera escritura del III milenio antes de nuestra era: ¡escritura no descifrada!

Los historiadores de la escritura (ver, por ejemplo, James Février, *Histoire de l´écriture*, Payot, 1948, y Jean-Louis Calvet, *Histoire de l'écriture*, Plon, 1996) ven en los caracteres descubiertos en los sellos y en las tablillas encontradas en las ruinas de las antiguas ciudades de Mohenjo-Daro y Harappâ, en el valle del Indo, (hacia el 2500-1500 antes de nuestra era) el vestigio más antiguo de una escritura india.

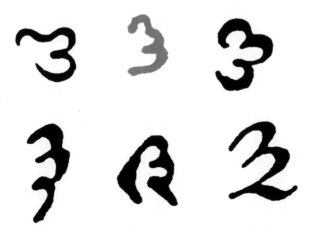

Variaciones de la cifra 3 según distintas escrituras indias. (De Smith, *op. cit.*, p. 74.)

Esta «escritura» llamada «protoindia», aún sin descifrar, contiene entre 250 y 400 signos y desaparece hacia el año 1500 antes de nuestra era, sin dejar ninguna escritura que la suceda.

Según la opinión de Calvet, la escritura india posterior no derivaría de esta «protoindia», sino de las escrituras nacidas en Mesopotamia, que habrían emigrado hacia el Punjab, «lo que convertiría a los primeros alfabetos semíticos en la fuente única de los alfabetos del mundo» (*op. cit.*, p. 168).

Libros escritos en hojas de palmera e inscripciones grabadas en láminas de cobre y talladas en piedra

El mundo indio es rico en documentos escritos, tanto bajo la forma de inscripciones como de manuscritos, cuyo contenido preservan en la actualidad las bibliotecas contemporáneas en distintas versiones impresas.

(Sobre esta cuestión, ver Richard Salomon, *Indian Epigraphy. A Guide to the Study of Inscriptions in Sanskrit, Prakrit and the other Indo-Aryan Languages,* Oxford University Press, 1998. Ver también Jean Filliozat, *Paléographie,* en Luois Renou y J. Filliozat, *L'Inde classique. Manuel des études indiennes,* tomo II, París-Hanoi, EFEO, 1953 [reimpresión 1985], pp. 665-712. Ver también Georges-Jean Pinault, «Écritures de l'Inde continentale», in *Histoire de l'écriture: de l'idéogramme au multimédia,* ediciones Flammarion, París, pp. 93 a 121.)

Por lo general, las inscripciones se tallaban en piedra (en bruto o pulida) o metal (cobre y bronce), mientras que el material básico empleado para los manuscritos era la hoja de palmera, al igual que la corteza de abedul y el liber del agáloco. También se han encontrado tablillas de madera de álamo o, simplemente, hojas de papel. Los libros, aunque fabricados en distintos materiales, tienen todos la misma forma: hojas oblongas, perforadas con uno, dos o tres agujeros, según la longitud de las mismas, y unidas por un hilo.

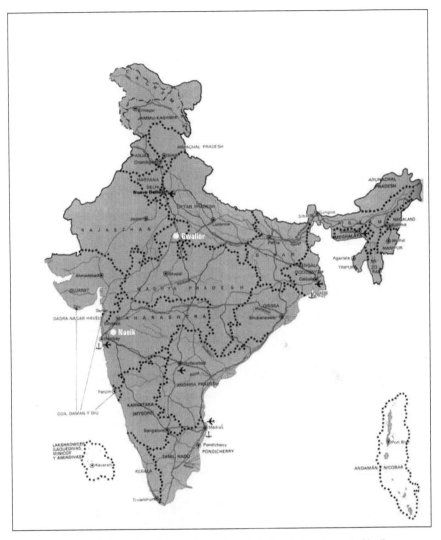

La cuna de la numeración moderna. Las ciudades de Gwalior y de Nasik
aparecen señaladas.

Las líneas de escritura son paralelas en sentido horizontal, a veces divididas en columnas. El lector avanza dando la vuelta, paralelamente a sus ojos, la hoja que acaba de leer. Es importante señalar que el reverso de la hoja suele contener ilustraciones.

La fragilidad del material en que fueron escritos impidió que muchos de estos manuscritos se conservaran en buen estado, en particular a causa de las condiciones climáticas del subcontinente indio, donde los fuertes monzones suelen provocar tormentas tropicales. Y como señala G. J. Pinault (*op. cit.*, p. 93), los manuscritos más antiguos deben su preservación a la aridez de las regiones del noroeste y del Asia central.

En lo que respecta a la inscripciones grabadas en piedra o metal, la situación es diferente y su estado de conservación muy superior, si bien la humedad sigue siendo, también en este caso, un importante factor de deterioro. Se encuentran inscripciones de todo género, pero por lo general registran acontecimientos circunstanciales, tales como fundaciones y construcciones reales, cartas de donación de pueblos, monasterios, estanques, explicaciones y leyendas de esculturas, y breves textos, donde se menciona el paso de peregrinos *(ibid.).*

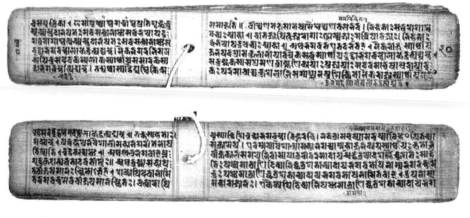

Sûtra del *Mahayana,* llamado de las «cinco protecciones» *(pancaraksasûtrani),* que contiene encantamientos contra las serpientes, los demonios, las enfermedades, etc. Texto budista en sánscrito, escritura nepalesa antigua *(nepalaksara),* derivada de la *siddhamatrka.* Nepal, 1141. Libro de 140 «páginas» (30 x 5 cm, 6 líneas por cara). Líneas verticales separan los márgenes laterales y el espacio reservado para el orificio por donde pasa el hilo de encuadernar. París, Biblioteca Nacional de Francia.

Las inscripciones de Ashoka (hacia el 260 de nuestra era)

Los primeros textos en lenguas indias conocidas aparecen bastante tardíamemente en la historia de la India. Se trata de inscripciones grabadas en pilares y rocas.

Son las proclamaciones o «edictos» del rey Ashoka (273-232 antes de nuestra era), escritos en primera persona, y dirigidos a sus súbditos, para ofrecerles una filosofía y una moral inspiradas en el budismo. Es relativamente fácil datar estos edictos, ya que el «tercer edicto», por ejemplo, menciona diversos monarcas griegos, entre los cuales se encuentran Ptolomeo (285-247) y Antígono (278-239). El reino de Ashoka se situaría, por lo tanto, en la época de los sucesores de Alejandro, más de cincuenta años después que el joven macedonio atravesara el valle del Indo.

En estas inscripciones encontramos dos tipos de escrituras vernáculas que se presentan bajo la forma de dos silabarios bien diferenciados uno del otro: la escritura *brâhmi*, que corre de izquierda a derecha, y la escritura *kharosthi* (algunos escriben *kharostrî*), con un sentido de lectura inverso. Estos edictos fueron descifrados por J. Prinsep, en el año 1837.

(Ver James Prinsep (1799-1840), «On the inscriptions of Piyadasi or Ashoka», *Journal and Proceedings of the Asiatic Society of Bengal* [JPSA], Calcuta, 1838.)

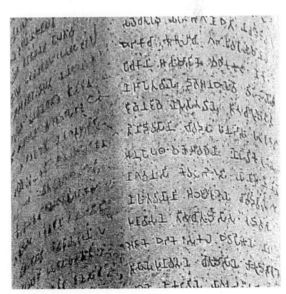

Detalle del pilar inscrito de Delhi-Topra. Del libro de *Amulyachandra Asoka's Edicts*, Calcuta. The Indian Publicity Society (Institute of Indology Series, n.° 7), 1956.

La influencia fenicioaramea de la escritura *kharosthi*

La escritura *kharosthi* fue utilizada en el noroeste de la India entre el siglo III a. C. y el VI de nuestra era. Denominada indobactriana, luego *kharosthi*, sobre la base de una indicación china que se remonta al siglo VII, actualmente es designada por los estudiosos con el nombre de arameoindia o simplemente india.

Esta escritura *kharosthi* o arameoindia aparece por primera vez en las inscripciones que Ashoka mandó grabar a mediados del siglo III a. C. en el extremo noroeste de la India. Las otras inscripciones de Ashoka en el resto del país están escritas en *brâhmi*.

Vocales	*Consonantes*					*Consonantes +vocales*	*Ligaduras*
a	ka	ja	ña	pa	ra	ka	kra
i	kha	ña	ta	pha	la	ki	bra
u	ga	ṭa	tha	ba	va	ku	rva
e	gha	ṭha	da	bha	sa	ke	sta
o	ča	ḍa	dha	ma	ša	ko	etc.
aṃ	čha	ḍha	na	ya	sa	kaṃ	
					ha		

Silabario *kharosthi*. Tomado de Février, *op. cit.*, p. 338.

Como hemos señalado anteriormente, esta escritura, al igual que la fenicia o aramea, de la que, según Calvet, parece derivar, se escribe de derecha a izquierda. (L. J. Calvet, *op. cit.*, 169.)

Esta escritura presenta, en efecto, similitudes en el trazado de los signos con el arameo, «del que sabemos que alcanzó los confines de la India con la conquista persa, y contiene trazos nuevos que, mediante adición o modificación, servían para notar valores fonéticos desconocidos en el semítico, con el fin de conservar rigurosamente la pronunciación de los textos védicos». (Cf. Edición de Roland Fiszel de *Les Caractères de l'Impremerie nationale*, París, 1990, p. 285.)

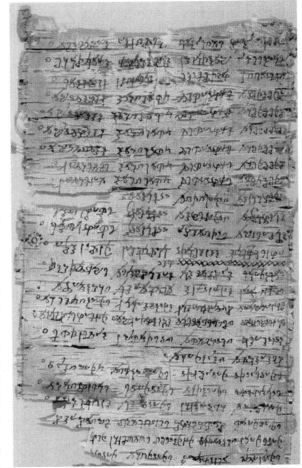

Fragmento de la obra *Dharmapada* («Hemistiquios de la Ley» = *pâli*, *Dhammapada*) de Khotan, texto budista en lengua *gandhari* y en escritura *kharosthi*. Hojas de corteza de abedul unidas mediante costura en los márgenes laterales; líneas de escritura paralelas con poco espacio de separación entre sí. París, Biblioteca Nacional de Francia.

El origen semítico de esta escritura, en particular arameo, fue demostrado de manera definitiva por Bühler en 1895. (Pinault, *op. cit.*, p. 113).

La escritura *karosthi* desaparece sin dejar descendencia, y sería la *brâhmi* la que se convertiría en la madre de todas las escrituras de la India, tantas y tan variadas, que se utilizan hasta el día de hoy.

La escritura *bhâhmi*

«La India, esa inmensa superficie geográfica, es un lugar de importación y uso de numerosas escrituras, aprendidas, luego olvidadas, más tarde reemplazadas: alfabeto griego, tras las conquistas de Alejandro

Magno; arameo, utilizado cuando el noroeste de la India pertenecía a los persas; escrituras del Pehlevi y del Avesta utilizadas por los parsis, una vez que los mazdeos emigraron a la India; diversas variedades de escrituras árabe-persas, ampliamente empleadas a partir del siglo IX de nuestra era, y que sirven para escribir lenguas indoarias, como el *sindhi*, el *kashmiri* o el *urdu;* por último, el alfabeto latino, introducido por los portugueses y los ingleses, utilizado por los colonizadores, luego, por la administración india, y que sirvió también para escribir lenguas sin escritura ni literatura como el *konkani.*» (G.-J. Pinault:, *ibid,* p. 98.)

A pesar de esta gran diversidad, puede afirmarse que, considerado un largo periodo de historia, salvo pocas excepciones, las principales lenguas del subcontinente indio y de aquellas partes de Asia sometidas a su influjo cultural se escribieron y aún se escriben mediante alfabetos derivados de la escritura *brâhmi.*

Valor	Arameo	Brâhmi
ba		
da		
ya		
ra		

Tomado de Calvet, *op. cit.*, p.170.

La escritura *brâhmi* se escribe de izquierda a derecha y posee signos simples o compuestos que pueden ser modificados por la vocalización. Esta transformación se opera mediante la adición de un elemento gráfico en la cima o en la base del trazo de la letra.

Existen varias hipótesis sobre el origen del nombre *brâhmi*. Algunos ven en él una conexión con el dios Brahmâ, quien habría inventado la escritura, pero esta tradición referida por viajeros chinos y árabes en el curso del primer milenio no encuentra ningún fundamento histórico ni filológico. Al principio, el término de «escritura *brâhmi*» estaba reservado a los textos religiosos, redactados en la lengua de Brahmâ, el sánscrito, la lengua de los brahmanes del noroeste del subcontinente indio. Por extensión, el término *brâhmi* se aplicó, luego, a todas los alfabetos escritos de izquierda a derecha.

La filología moderna ha escogido aplicar el nombre de *brâhmi* a la escritura panindia de la época de Ashoka y a sus variedades regionales, hasta el fin del periodo Gupta (siglo VI de nuestra era). El término también se aplica a las escrituras de Asia central que derivaron de ella.

Hemos señalado el hecho de que la escritura *kharosthi* provenía de la escritura aramea. En lo que respecta a la *brâhmi*, los especialistas en la historia de la escritura se inclinan, en la actualidad, por un origen fenicio. Las similitudes entre las dos escrituras son, según sostiene Calvet, convincentes.

Fenicio s. XI	*Valor*	*Brâhmi s. III*	*Valor*
⪤	*A*	Ⴄ y Ⴈ	*A breve y A larga*
目	*B*	▢	*B*
⋀	*G*	⋀	*G*
△	*D*	Ⅾ y Ⴜ	*D*
⊗	*Ṭ*	⊙ y ◯	*ṬH y ṬK*
⼂	*K*	✛	*K*
⼁	*L*	⅃	*L*
⼂	*P*	⼂	*P*

Vocales iniciales	Consonantes		
Ꮒ *a*	+ *ka*	ο *ṭha*	□ *ba*
∴ *i*	٦ *kha*	ʅ *ḍa*	⊓ *bha*
L *u*	∧ *ga*	৬ *ḍha*	୪ *ma*
▷ *e*	Ⴑ *gha*	I *ṇa*	⋃ *ya*
	⊏ *ṅa*	⅄ *ta*	l *ra*
	⅃ *ča*	⊙ *tha*	┘ *la*
	⏀ *čha*	┞ *da*	ᕃ *va*
	Ɛ *ja*	D *dha*	⅃ *sa*
	⊢ *jha*	⊥ *na*	Ⴑ *ha*
	⊓ *ña*	Ⴖ *pa*	
	⊂ *ṭa*	⊓ *pha*	

Notación de las vocales

F *kâ* (+ *ka*)	Ꮰ *ti* (⅄ *ta*)	Ꮰ *tî* (⅄ *ta*)	⅃_ *tu* (⅄ *ta*)
⅏ *sû* (⅃ *sa*)	D *dhe* (D *dha*)	⊤ *ro* (l *ra*)	ᕃ *vaṃ* (ᕃ *va*)

Silabario *brâhmi*.
Tomado de Février,
op. cit., p. 336.

Las diferencias de ciertas letras se explican por el hecho de que la escritua *brâhmi* cambió de dirección, dado que, a diferencia del fenicio, se escribía de izquierda a derecha. (Calvet, *op. cit.*, p. 172).

La leyenda del río misterioso

Al descubrir esta filiación entre el fenicio y la escritura *brâhmi*, que evoca la presencia en la India de personas que hablaban y escribían fenicio, escritura casi idéntica a la hebrea antigua (*ktav ivri*, ver nuestra obra *Mystères de l'alphabet*, Assouline, 1997), recordé aquella leyenda referida en el Talmud (Sanhedrin 65b), y también por algunos historiadores como Plinio el Viejo (24-79 d. C.), además de otros, que cuenta que las diez tribus de Israel exiliadas por Shalmanaser se

Principio de la inscripción del pilar de Dehli-Topra (detalle), lado norte. Pueden apreciarse espacios en blanco que separan palabras agrupadas por la sintaxis y el sentido, y, más raramente, palabras aisladas. Facsímil. Ver Klaus Ludwert Janert, *Abstände und Schlussvokalverzeichnungen in Asoka-Inschriften*, Wiesbaden, Franz Steiner Verlag (*Verzeichnis der Orientalischen Handschriften in Deutschland*, Supplementband 10), 1972, p. 123.

encuentran, aún hoy, más allá del río llamado Sambatyon (o Sanbatyon o también Sabatyon), río que tiene la extraña particularidad de correr durante los seis días de la semana y detener su curso desde la noche del viernes hasta la noche del sábado. ¡Un río que deja de fluir el shabbat! Un célebre viajero, Manasseh ben Israel, refiere, del viaje que hizo a la India (1630), que él vio con sus propios ojos el Sambatyon, un río de unas diecisiete millas de largo (medida dada por la fuente que consulté en inglés, *Encyclopedia Judaica*, tomo 14, p. 764) detenerse el shabbat. Mientras que durante la semana arrastra piedras tan altas como casas, en el shabbat, su superficie queda inmóvil y lisa como un lago de nieve o de arena blanca.

¡Para meditar!

Evolución del *brâhmi*

La escritura *brâhmi* evolucionaría para dar origen a numerosas formas de escritura que pueden clasificarse de acuerdo con cuatro grandes grupos: las escrituras del norte, las de Asia central, las del sur y las orientales (o *pâli*).

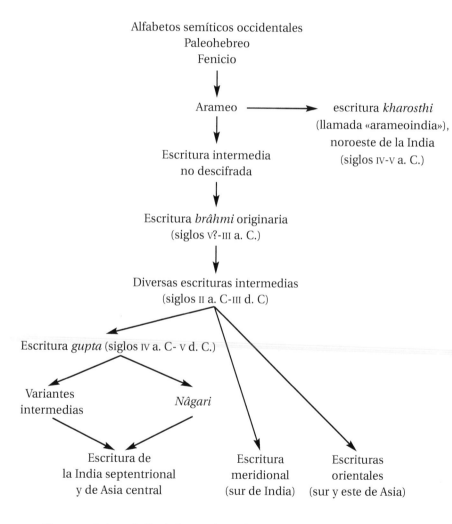

Alfabetos semíticos occidentales
Paleohebreo
Fenicio

Arameo ⟶ escritura *kharosthi* (llamada «arameoindia»), noroeste de la India (siglos IV-V a. C.)

Escritura intermedia no descifrada

Escritura *brâhmi* originaria (siglos V?-III a. C.)

Diversas escrituras intermedias (siglos II a. C-III d. C)

Escritura *gupta* (siglos IV a. C- V d. C.)

Variantes intermedias

Nâgari

Escritura de la India septentrional y de Asia central

Escritura meridional (sur de India)

Escrituras orientales (sur y este de Asia)

Diagrama de la evolución de las escrituras indias, según Renou y Fillozat, *op. cit.*, p. 665-702.

Un lugar privilegiado para la escritura *nâgari* o *devanâgari*

De todas las escrituras indias derivadas de la *brâhmi*, la *devanâgari*, que probablemente hizo su aparición en el siglo XI d. C., merece un lugar especial. Debido, primeramente, a su perfección, como explica J. Février *(op. cit.):* si bien la abundancia de ligaduras es, al igual que para todas las escrituras indias, motivo de complicación, multiplicando las posibilidades de confusión, en compensación, su notación fonética es muy precisa. Desde la aparición de la imprenta, se convirtió en el principal sistema de escritura del sánscrito, la lengua religiosa y culta de la India. El nombre de *devanâgari*, «*nâgari* de los dioses», parece haberle sido dado por los europeos, puesto que aparece en el siglo XVII (Pinault, *op. cit.*, p. 100), mientras que los indios la llaman simplemente *nâgari*, «la escritura de la ciudad» o ciudadana (del sánscrito *nâgara* «ciudad»).

Hitopadeça.
Escritura *nâgari.*
Tomado de *Les Caractères de l'Imprimerie nationale, op. cit.*, p. 281.

चक्रवाकः पृहति कथमेतन् । राज्ञा कथयति । अहं पुरा शूद्रकस्य राज्ञः क्रोडा-
सरसि कर्पूरकेलिनाम्नो राजहंसस्य पुत्र्या कर्पूरमञ्जर्या सहानुरागवान् अभवं। तत्र
वीरवरो नाम राजपुत्रः कुतश्चिद्देशादागत्य राजद्वारि प्रतीहारमुपगम्योवाच । अहं
वर्तनार्थी राजपुत्रः । मां राजदर्शनं कारय । ततस्तेनासौ राजदर्शनं कारितो ब्रूते ।
देव यदि मया सेवकेन प्रयोजनमस्ति तदास्मद्दर्शनं क्रियतां । शूद्रक उवाच । किं
ते वर्तनं । वीरवरोऽवदत् । प्रत्यहं ट्ठशतचतुष्टयं । राज्ञाह । का ते सामग्री ।
स आह । द्वौ बाहू तृतीयश्च खड्गः । राज्ञोवाच । नेतद्दातुं शक्यं । एतच्छ्रुवा
वीरवरः प्रणम्य चलितः । अथ मन्त्रिभिरुक्तं । देव दिनचतुष्टयस्य वर्तनं दत्वा
ज्ञायतामस्य स्वरूपं किमुपयुक्तो ऽयमेतावद्वर्तनं गृह्णात्यथानुपयुक्तो वा । ततस्तद्-
वचनादृष्ट्वय वीरवरस्य ताम्बूलं दत्वा ट्ठशतचतुष्टयं दत्तवान् । तद्विनियोग्श्च राज्ञा
सुनिर्त्रिपितः । तत्रार्द्धं देवेभ्यो ब्राह्मणेभ्यो दत्तं तेन । अपरार्द्धं च दुःखिभ्यस्तद्-

Actualmente, sirve para escribir el hindi, la gran lengua de la India central, al igual que otras lenguas vernáculas. Su caracterísitica más visible es la gran barra horizontal, la viga, llamada *mâtrâ*, que continua la línea, casi sin interrupción —uniendo no sólo las silabas, sino, con frecuencia, también las palabras—, y a la que se aferran, por debajo, las letras, a excepción de algunos signos vocálicos que se escriben encima de ella. (Llama la atención que la escritura hebrea tradicional también se escriba bajo un línea tutora, el *sirtut*, trazada con el punzón seco.)

Tabla de caracteres de la escritura *devanâgari*, según un manual escolar:
Judith M. Tyberg, *First Lessons in Sanskrit Grammar and Reading*, Los Ángeles,
East-West Cultural Center, 1964, pp. 4-5.

1.4. LAS CINCO ETAPAS DE LA EVOLUCIÓN DE LAS CIFRAS INDIAS

*En vano encasillamos lo vivo
en uno u otro de nuestros esquemas.
Todos los esquemas quiebran.*
HENRI BERGSON

Si hemos insistido en la evolución de la escritura india es porque la forma gráfica de las cifras indias, que son la fuente de nuestras cifras modernas, siguieron una evolución paralela.

Primer periodo (del siglo III a. C. hasta el siglo I de nuestra era)

En las páginas precedentes hemos mecionado los edictos del rey Ashoka (273-232 a. C.), testimonios de las primeras escrituras indias en *kharosthi* y en *brâhmi*. Vale la pena recordar que se trataba de textos grabados en las rocas y en columnas de templos que, sorprendentemente, se encontraban con frecuencia dentro de grandes grutas naturales o cavadas en las montañas. Y estos textos fueron grabados en distintos reinos de su imperio. Conforme a la distinción existente en la escritura propiamente dicha, había una numeración ligada a la escritua *kharosthi* y otra ligada a la *brâhmi*. Esta notación numérica hallada en los textos de Ashoka no está totalmente documentada.

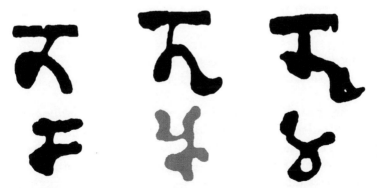

Variaciones de la cifra 4 según distintas escrituras indias. (De Smith, *op. cit.*, p. 74.)

Como señala G. Guitel (*Histoire comparée des numérations écrites*, Flammarion, París, 1975, p. 604), esta numeración es de tipo aditiva, es decir que deben sumarse los valores de los símbolos.

1. Numeración kharosthi

En la numeración *kharosthi*, los signos son muy elementales. Un trazo para el 1, dos para el 2 y tres para el 3. El cuatro resulta interesante porque propone ya una primera composición, el cruce de dos trazos, que forman un signo similar a la x de nuestro alfabeto occidental contemporáneo. El 10 también es una combinación de dos trazos en ángulo recto ⅂. El 20 se asemeja un poco a nuestro «3» y el 100 a una lambda griega λ o a una *y* invertida.

Es importante señalar que, tal como sucede con la escritura *kharosthi*, estos signos numéricos no dejaron descendencia.

1	2	3	4	5	6	7	8	9
/	//	///	//// o X	/////	//X	///X	XX	/XX
10	**20**	**30**	**40**	**50**	**60**	**70**	**80**	**90**
⅂	⅊	⅂⅊	⅊⅊	⅂⅊⅊	⅊⅊⅊	⅂⅊⅊⅊	⅊⅊⅊⅊	⅂⅊⅊⅊⅊
100	**200**							
Λ	Λ// o ⅄//							

Numeración ligada a la escritura *kharosthi*. Tomada de Renou y Fillizat, II, p. 705, retomada, a su vez, por Guitel, *op. cit.*, p. 604.

2. Numeración brâhmi originaria

La numeración relacionada con la escritura *brâhmi* originaria está relativamente poco documentada. Los trazos del 1 y del 2 aún son verticales, el 4 también se compone de dos trazos cruzados, pero con la forma de nuestro signo «+», el 6 presenta ya el bucle que será una de sus características a lo largo de toda su evolución.

Como mencionamos anteriormente, la esritura *brâhmi* se escribe de izquierda a derecha, y la lectura de los números también se efectua en este orden, procediendo del número más grande al más pequeño. Así, por ejemplo, el número 256 se escribiría según los datos de la tabla siguiente:

1	2	3	4	5	6	7	8	9
I	II		+		𝓮 o 𝓮			
10	20	30	40	50	60	70	80	90
				Ɠ o Ɔ				
100	200							
	↓ o 𝓗							

Tabla de la numeración ligada a la escritura *brâhmi* originaria. Tomada de Renou y Fillozat, II, p. 705, retomada por Guitel, *op. cit.*, p. 605.

El número 256 en caracteres *brâhmi* antiguos.

Nota: es necesario señalar que, aunque el número se escribía de izquierda a derecha, comenzando por las potencias más elevadas, se leían en sentido inverso, partiendo de la cifra de la derecha. Se decía, por ejemplo: 6 y 50 y 200.

3. El ejemplo de las grutas de Nana Ghat (siglo II a. C.)

En todo el Indonstán, se construyeron numerosos templos budistas en el interior de cuevas naturales. Las inscripciones grabadas sobre las paredes de roca, sobre columnas y diversos soportes de estos templos subterráneos se han preservado particularmente bien de las inclemencias del tiempo, de la humedad, las variaciones de temperatura, la exposición exagerada a la luz del trópico, etc. En general, la temática de estas inscripciones no era matemática, no obstante, en cocasiones figuran en ellas algunos números que permitieron a los paleógrafos dar a conocer una primera evolución de la forma de las cifras de la numeración india ligada a la escritura *brâhmi*.

En una grutas de Nana Ghat, lugar situado a unos 150 kilometros de la ciudad de Puna, ubicada, a su vez, a unos 200 kilómetros de Bombay, y de la que los ingleses hicieron un ciudad de veraneo en la que refugiarse de los sofocantes calores de Bombay, fueron halladas unas inscripciones que datan del siglo ii a. C.

Las cifras que aparecen en dichas inscripciones ofrecen, por primera vez, trazos horizontales para el 1 y el 2, el 4 evoluciona adquiriendo una pequeña corona en forma de «v» sobre el signo + (ver tabla precedente), el 6 se afirma de manera más clara, pero sigue manteniendo ese trazo inferior debajo del rizo.

1	2	3	4	5	6	7	8	9
—	=		𐬍		𝓎	?		?
10	20	30	40	50	60	70	80	90
∝	○				⊣		∞	
100	200	300	400	500	600	700	800	900
𝐻 𝑋	𝑋𝑟		𝑋𝐻			𝑋𝑛		
1.000	2.000	3.000	4.000	5.000	6.000	7.000	8.000	9.000
𝑇			𝑇𝑌		𝑇𝓎			
10.000	20.000							
𝑇∝	𝑇○							

Tabla de la numeración de las grutas de Nana Ghat. Tomado de Renou y Fillozat, p. 705, retomado por Guitel, *op. cit.*, p. 606.

La numeración de las cifras sigue un sistema de adición o sumatorio:

12 se escribe: ∝

17: ∝?

289: 𝐻∞?

11.000: 𝑇∝𝑇

24.400: 𝑇○𝑇𝑌𝑋𝐻

Segundo periodo (del siglo i al siglo iv), la notación llamada intermedia: números de las grutas de Nasik (siglo ii)

Los arqueólogos han descubierto otras grutas geográficamente cercanas a las que acabamos de mencionar. Se trata de las grutas de Nasik, una ciudad a menos de 200 kilómetros al norte de Bombay, ciudad que además, incluye actualmente dentro de su programa turístico la visita de estas grutas. La ciudad de Nasik (o Nashik), a orillas del Godavari, es un importante centro de peregrinaje para el hinduismo. Cada doce años se celebra allí el Kumbh Mela; en realidad, esta multitudinaria festividad se desarrolla cada tres años, pero alternativamente en cuatro ciudades diferentes (Nasik, Ujjian, Allahabad y Hariwar). Según el mito, los dioses, en lucha por apoderarse de ella, habrían derramado cuatro gotas del néctar de la inmortalidad. Estas gotas habrían caído en la tierra en el lugar donde luego fueron construidas estas cuatro ciudades. El Kumbh Mela, con sus decenas de millones de peregrinos, es la festividad que reune la mayor aglomeración de gente en todo el mundo. El último Kumbh Mela se celebró en 2003.

1	2	3	4	5	6	7	8	9
10	20	30	40	50	60	70	80	90
100	200	300	400	500	600	700	800	900
1.000	2.000	3.000	4.000	5.000	6.000	7.000	8.000	9.000
10.000	20.000	30.000	40.000	50.000	60.000	70.000		

Los números encontrados en las grutas de Nasik. Tomado de Renou y Fillozat, II, p. 705, retomado por Guitel, *op. cit.*, p. 608.

Si en un principio existían ciertas ambigüedades de lectura respecto de estos números, éstas pronto se disiparon, dado que la lectura de los signos pudo ser verificada, gracias a la mención simultánea de los números escritos con todas sus letras. Las inscripciones de Nana Ghat y las de Nasik pertenecen a lugares muy cercanos desde el punto de vista geográfico. Es interesante constatar que, a pesar de los cuatro siglos que separan ambas inscipciones, existe una unidad de concepción, tanto en la forma como en la numeración propiamente dicha, que sigue siendo sumatoria.

1	2	3	4	5	6	7	8	9	0
─	=	≡	+	⟨	Ɛ	⁊	⁊	?	

Números de Nasik. Tomado de Renou y Fillozat, II, p. 705, retomado por Guitel, *op. cit.*, p. 66.

Vale la pena recalcar que, tal como mencionamos al hablar de las inscripciones de Nana Ghat, al momento de leer estas cifras, los números se enuncian, comenzando por las unidades más simples —unidades, decenas, centenas, etc.—, aunque la escritura, que corre de izquierda a derecha, los presente desde las potencias más altas a las unidades más pequeñas.

Ejemplo:

8.000 500 70 6

Escritura del número 8.576, según las inscripciones de Nasik. Este número se leía: seis, setenta, quinientos, ocho mil.

El tercer periodo (del siglo III al siglo VI): la notación numérica de la escritura *gupta*

Entre el 240 y el 535, encontramos la dinastía de los Gupta, cuyos soberanos reinaron en todo el valle del Ganges y sus afluentes. Aparece, entonces, una nueva notación, tanto para las letras como para las cifras. El sistema de numeración carece del cero y no opera según el principio de numeración posicional. Esta notación *gupta*, derivada de la escritura *brâhmi*, es la del norte y centro de la India.

Cabe señalar que todas las notaciones utilizadas en el norte de la India y en Asia central derivaron de esta notación *gupta*.

La diferencia fundamental entre esta notación numérica y la precedente puede apreciarse a partir de los primeros números, 1, 2, 3, que pasan de ser trazos horizontales relativamente rectos a representarse con trazos curvos que, al redondearse cada vez más, terminarán por dar las formas numéricas de las etapas siguientes.

Notación numérica gupta no posicional según las inscripciones de Parivrâjka.
Tomado de Smith, *op. cit.*, p. 67.

Cuarto periodo (del siglo VII al siglo XII): la notación *nagâri*

La escritura *gupta* se afina y redondea. Da nacimiento, entonces, a partir del siglo VII, a la escritura llamada «nâgari» (escritura «ciudadana»), que por la bella regularidad que terminaría adquiriendo posteriormente fue bautizada con el nombre de «devanâgari» o «nâgari de los dioses o divina».

Esta escritura se convirtió en la principal escritura del sánscrito y del hindi, la gran lengua de la India cental actual.

Paralelamente, las cifras de la escritura *gupta* se transformaron y evolucionaron hasta convertirse en cifras de tipo *nâgari*, inicialmente en una primera forma llamada «*nâgari* antigua».

Notación *nâgari* antigua. Tomado de Smith, *op. cit.*, p. 70.

Las inscripciones de Gwâlior

El cero y la numeración de posición, dentro de las notaciones indias en escritura *nâgari*, aparecen por primera vez, de acuerdo con los descubrimientos arqueológicos, en las inscripciones de Gwâlior, que datan de 875 y 876 de nuestra era, es decir relativamente tarde, en relación con la fecha supuesta de la invención del cero.

Gwâlior es una ciudad al noroeste de Madhya Pradesh, una región en el centro de la India (equivalente en tamaño a la totalidad del territorio de Francia), entre Mahârâshtra al sur y el Râjasthân al noreste (ver el mapa general de India, p. 35).

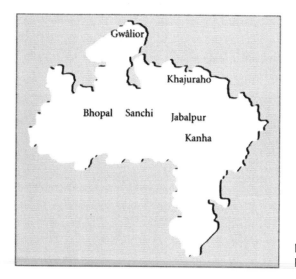

Mapa de Madhya Pradesh.

La ciudad de Gwâlior es muy conocida por su fortificación de varios kilómetros de largo, impresionante ciudadela que hizo de esta ciudad uno de los lugares predilectos de reyes y militares, ávidos de semejantes plazas fuertes que dominan la planicie y brindan un dominio y una protección muy particulares.

El fuerte de Gwâlior

G. Guitel cuenta que estas inscripciones fueron descubiertas «en un pequeño templo monolítico, situado en un recodo de un camino que conducía al fuerte de Gwâlior» (Guitel, *op. cit.*, 620). Se trata de dos inscripciones. La primera de ellas está escrita en sánscrito y en escritura *nâgari*. Data del año 932 y no nos aporta ningún dato sobre la escritura de los números, ya que esta fecha aparce indicada en letras, «como corresponde a todo texto versificado» (Guitel, *ibid.*). La segunda inscripción, «que debería figurar en toda historia de la numeración» (Guitel, *ibid.*), está escrita en prosa, en escritura *nâgari*, pero en un sánscrito imperfecto. Es, en cierto sentido, «la piedra Rosetta de las cifras», ya que en ella encontramos cuatro números escritos, a la vez, en cifras y en letras, lo que permite el desciframiento y su verificación. Estos cuatro números son 993, 270, 187 y 50.

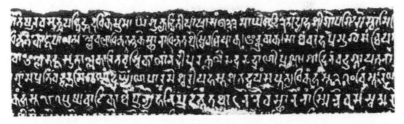

Los cuatro números de la segunda inscripción de Gwâlior en escritura *nâgari*.

La fecha de 933 de la era Samvat corresponde, según los cálculos complejos de los historiadores (en particular, de sir Alexander Cunningham), al año 876 de nuestra era (933 menos 57). (Ver Guitel, *op. cit.*, p. 620.)

Segunda inscripción de Gwâlior (detalle), el testimonio más antiguo de la utilización del cero y la numeración de posición. En la imagen pueden apreciarse varios números: en la primera línea, 933 (que corresponde al año 876 de nuestra era); en la cuarta línea, 270; en la quinta, 187. Tomado de Menninger, *op. cit.*, p. 397.

Esta segunda inscripción contiene un largo texto consagrado a Vishnu y menciona una donación de los habitantes de la ciudad de Gwâlior al templo de dicha divinidad, que comprende, en especial, un terreno de 270 *hasta* de largo por 187 *hasta* de ancho, destinado a un jardín floral, al igual que cincuenta guirnaldas de flores de estación que los jardineros de la ciudad de Gwâlior debían llevar cotidianamente al templo como contribución.

Se comprende, a partir de esta segunda inscripción, cuán arraigados estaban culturalmente el cero y la numeración de posición y cuán habitual era su utilización en esta segunda mitad del siglo IX, al punto de emplearse de forma natural para la notación de fechas, medidas, superficies y cantidades.

Texto de la segunda inscripción de Gwâlior. Museo Guimet, París.

Quinto periodo (a partir del siglo XI): las escrituras derivadas del *nâgari* (de camino hacia la notación moderna)

El estilo de escritura *nâgari* proseguiría su desarrollo y de él surgiría, primeramente, la escritura «*nâgari* moderna» (denominada también *devanâgari*).

Cifras llamadas *nâgari* (o *devanâgari*) modernas, para diferenciarlas
de las *nâgari* antiguas.

Con el tiempo, el desarrollo del *nâgari* antiguo (Gwâlior) también
daría origen a varias ramas, entre las cuales se encuentra, por un
lado, la de las cifras árabes de Oriente (llamadas *hindi*), y, por el
otro, la de las cifras árabes del noroeste de África (denominadas
ghubar), cuya evolución estudiaremos en la segunda parte de este
primer libro (ver más adelante, «Cifras indoárabes en Oriente y Occidente»).

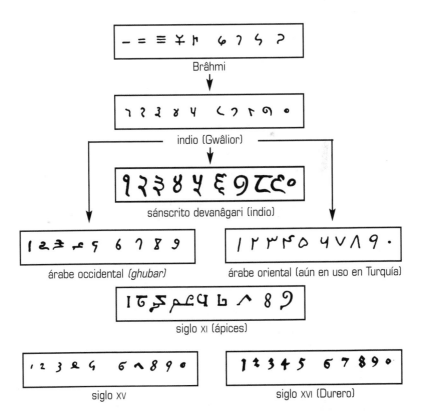

Familia de cifras indias. Según Menninger, *op. cit.*, p. 418.

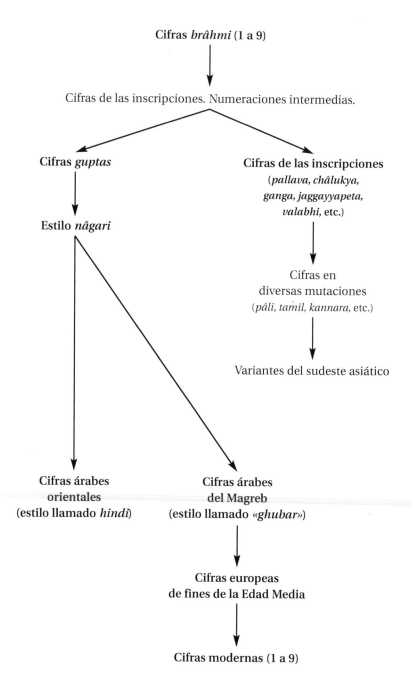

Cifras *brâhmi* (1 a 9)

Cifras de las inscripciones. Numeraciones intermedias.

Cifras *guptas*

Cifras de las inscripciones
(*pallava, châlukya,
ganga, jaggayyapeta,
valabhi,* etc.)

Estilo *nâgari*

Cifras en
diversas mutaciones
(*pâli, tamil, kannara,* etc.)

Variantes del sudeste asiático

Cifras árabes
orientales
(estilo llamado *hindi*)

Cifras árabes
del Magreb
(estilo llamado «*ghubar*»)

Cifras europeas
de fines de la Edad Media

Cifras modernas (1 a 9)

1.5. EL NOMBRE DE LAS CIFRAS INDIAS

La lluvia y la luz riñen como niños en el cielo,
y sus espadas, a veces, golpean contra mi ventana.

CHRISTIAN BOBIN

El nombre de las cifras

Antes de que se inventara la notación moderna de las cifras que acabamos de evocar, las cifras que representaban números se nombraban oralmente mediante apelaciones que permitían enunciar guarismos de todas las magnitudes posibles.

Todo comenzó, por lo tanto, con una numeración denominada «hablada» u oral, que daba a cada una de las nueve unidades simples un nombre en la lengua de ese entonces, el sánscrito. Existía, además, un nombre para el 10: *dasha;* y otro para 20, 30, 40...90, 100, 200..., 1.000, 10.000..., y así sucesivamente.

Los indios tenían nombres para los números altos y las grandes potencias.

(Seguimos aquí el texto de Menninger, *op. cit.,* p. 93, y el de Tobias Dantzig, *Number, The Language of Science,* cuarta edición revisada, MacMillan, 1966, p. 18. Este capítulo también debe mucho al libro de G. Guitel, *op. cit.*)

eka, ekad = uno
dvi, dva, dve = dos
tri, trayah, tisrah = tres
chatur, chatvarah, chatasrah = cuatro
pancha = cinco
shat, shas = seis
sapta = siete
ashta, ashtau = ocho
nava = nueve

También tenemos:
dasha = 10
shata = 100
sahasram = 1.000
ayuta = 10.000

Aunque aún no se escribían necesariamente mediante signos, los números se expresaban de acuerdo con un principio aditivo o sumatorio clásico.

Influencias y cambios culturales

Ya hemos mencionado anteriormente que la escritura y la lengua indias recibieron, en sus comienzos, influencias semíticas, a través del arameo, *lingua franca* de la época (unos siglos antes de nuestra era), y quizá también, de una manera más mitológica que histórica, gracias al encuentro con las diez tribus perdidas de Israel, cuya lengua y escritura eran las del hebreo antiguo.

Así, podemos constatar las similitudes fonéticas entre:

- *Eka* y *ehad*, que significa «uno» en hebreo.
- *Shat* y *shit*, que significa «seis» en arameo (*shesh* en hebreo).
- *Sapta* y *shabbat*, que es el «séptimo» día de la semana, según el calendario hebreo.

A su vez, la conocida relación entre el sánscrito, el griego, el latín y el resto de las lenguas de la gran familia indoeuropea es todavía más evidente: por ejemplo *tri* (sánscrito), *treis* (griego) y *tres* (latín), formas que aún hoy resuenan en *tres* (castellano), *trois* (francés), *three* (inglés) o *drei* (alemán), cuya similitud es aún más sorprendente en el antiguo alemán, que decía *dri*..., y, sin ambigüedad alguna, en el bretón, el galés y el irlandés, que continúan empleando la forma *tri*, idéntica al sánscrito.

Menninger (*op. cit.*, pp. 93 y ss.) da la lista de los nombres de cifras y números en cuatro lenguas celtas, una de las ramas del tronco lingüístico indoeuropeo, bajo la forma de una tabla completa.

Menninger también dedica un capítulo entero, una suerte de pequeño diccionario, a la semántica de las palabras utilizadas para nombrar los números. Sigue su evolución y ofrece bellos ejemplos de filiaciones lingüísticas. Damos a continuación un breve extracto, con algunos elementos referidos al «tres» (*op. cit*, p. 171).

El «tres», sánscrito, *tri*, se encuentra en palabras como «trenza», una cuerda o masa de cabellos hecha con tres hilos o mechones. La palabra «trivial» proviene del latín *trivium*, en plural *trivia*, «tres

	Irlanda	País de Gales	Cornualles	Bretaña
1	oin	un	un	eun
2	da	dau	dow	diou
3	tri	tro	tri	tri
4	cethir	petwar	peswar	pevar
5	coic	pimp	pymp	pemp
6	se	chwe	whe	chouech
7	secht	seith	seyth	seiz
8	ocht	wyht	eath	eiz
9	noi	naw	naw	nao
10	deich	dec, deg	dek	dek
11	oin deec	un ar dec	ednack	unnek
12	da-	dour ar dec (deudec)	dewthek	daou-zek
13	tri-	tri ar dec	trethek	tri-
14	cethir-	petwar ar dec	puzwarthak	pevar-
15	coic-	hymthec	pymthek	pem-
16	se-	un ar bymthec	whettak	choue-
17	secht-	dou ar-	seitag	seit-
18	ocht-	deu naw	eatag	tri (ch)ouech
19	noi-	pedwar ar bym-thec	nawnzack	naou-zek
20	fiche	ugeint	ugans	ugent
30	deich ar fiche	dec ar ugeint	dek warn ugans	tregont
40	da fiche	de-ugeint	deu ugens	daou ugent
50	deich ar da fiche	dec ar de-ugeint	hanter-cans	hanter-kant
60	tri fiche	tri ugeint	try ugens	tri ugent
70	deich ar tri fiche	dec ar tri-ug.	dek warn try ugens	dek ha tri ugent
80	ceithri fiche	pedwar-ugeint	peswar ugens	pevar ugent
90	deich ar ceithri [fiche	dec ar pedwar-u.	dekwarn pesw. ug.	dek ha pevar ugent
100	cet	cant	cans	kant
1000	mile	mil	myl	mil

Tabla de los números (irlandés, galés, lengua de Cornualles, bretón).
Según Menninger, *op. cit.*, p. 97.

vías o caminos», término utilizado desde la época romana hasta el Medievo para designar las tres disciplinas básicas de los programas de estudios: la gramática, la retórica y la dialéctica. El estudiante que había alcanzado este conocimiento pasaba al *quadrivium*, «las cuatro vías o caminos», constituido por la aritmética, la geometría, la astronomía y la música (el conjunto de ambos niveles de estudio conformaba las «siete artes liberales»). De este modo, «trivial» adquirió el sentido de «cosa común, ordinaria, banal y poco interesante», en referencia a las cuestiones simples y evidentes que todo estudiante ya sabe, al haber terminado la primera parte de sus estudios: el *trivium* (*ibid.*, p. 177).

Otro ejemplo es la palabra «tribu». Este término deriva del latín *tribus*, que, a su vez, proviene del indoeuropeo *tri-bhu-s*, de *bhus*, «ser» (que en inglés dio *to be*); encontramos una forma de este *be* como *bi* en la palabra latina *dubitare* que en castellano dio dudar, verbo que significa «estar frente a dos» *(du)*, y por consiguiente en la imposibilidad de saber algo cabalmente, en la imposibilidad de elegir.

Una poesía numérica

Originariamente, no se planteaba ningún problema cuando los números estaban formados por cifras completamente diferentes entre sí. Por ejemplo, el número 4.769 (ver Guitel, *ibid*, p. 609), cuatro mil setecientos setenta y nueve, que se decía en numeración creciente:

Nueve sesenta	setecientos	cuatro mil
9 6 x 10	7 x 100	4 x 1.000

Pero en el caso de números compuestos por varias cifras idénticas repetidas varias veces, se planteaba una dificultad fonética y de comprensión.

Imaginemos un número como:

4   4   4   4   4   4

Éste se habría pronunciado:

chatur   chatur   chatur   chatur   chatur   chatur

Esta expresión, que habría contenido seis veces la palabra chatur, habría resultado difícil de comprender y memorizar, y muy poco estética desde el punto de vista fonético. Por esto, los sabios de la India comenzaron a aprovechar la gran riqueza de la lengua sánscrita, e inventaron para cada cifra gran cantidad de sinónimos y metáforas, recurriendo a la filosofía, a la mitología y a la totalidad de las literaturas popular y culta. Mediante juegos de palabras y asociaciones de ideas, basadas en gran parte en las similitudes de sentido y sonido, cada cifra se convirtió en la fuente de una gran cantidad de sinónimos que, con frecuencia, poseían una enorme fuerza poética.

Para el ejemplo citado anteriormente, podríamos encontrar una expresión simbólica y poética de este estilo:

Puntos cardinales y *océanos*
en los *brazos de Vishnu* y en los *rostros de Brahma,*
posiciones del cuerpo humano y *ciclos cósmicos.*

Que son seis expresiones distintas para nombrar el «cuatro».[1]

También habríamos podido tomar un ejemplo con *dvi,* «2», y sus sinónimos:

Yamala, *yugala...:* términos utilizados para designar gemelos o parejas.
Ashvi(n): los «aurigas» o «jinetes».[2]
Yama: la «pareja primordial».
Netra: los «ojos».
Gulpha: los «tobillos».
Paksha: las «alas».
Bâhu: los «brazos»

---

1. Estos procesos poéticos, que obedecen a un profundo afán enciclopedista, a una sensibilidad marcadamente analógica, y a un amor exacerbado por el aspecto lúdico y enigmático del conocimiento, son mucho más consustanciales a la antigua cultura india, entre otras, de lo que parecería sugerir la explicación aducida por el autor. Importa precisar, además, que estas asociaciones son, en realidad, más rigurosas y simples de lo que podrían resultar a simple vista: cuatro son, en efecto, los «puntos cardinales», cuatro eran también, para los indios de aquella época, «los océanos», cuatro «los brazos de Vishnu» al igual que «los rostros de Brahmâ», cuatro también para ellos las «posiciones básicas del cuerpo humano», y, por último, cuatro son, de acuerdo con la ortodoxia india, «los ciclos cósmicos» que entre sí constituyen un solo día de Brahmâ. En el ejemplo siguiente, referido al número dos, la verificación de esta lógica tan sencilla como rigurosa resulta aun más evidente. *(N. del T.)*
2. Los ashvin/aśvin (más propiamente en dual, *aśvina* o *aśvinau*), son dos dininidades, llamados Nâsatya y Dasra, representación de las «energías nerviosas y vitales», y médicos de los dioses. Pero más allá de su naturaleza compleja y su esquiva identificación (en sí mismo nada sorprendente, tratándose de divinidades), lo esencial en este caso es que constituyen un par de dioses, que a la manera de Castor y Pólux, con quienes fueron tardiamente equiparados, son inseparables uno del otro, por lo que representan un símbolo privilegiado del número dos y la dualidad. *(N del T.)*

(Estas listas fueron compiladas por los indianistas, y aparecen completas en Louis Renou y Jean Fillozat en su importante obra de referencia, *L´Inde classique. Manuel des études indiennes,* Hanoi, 1953, reedición 1985.)

G. Guitel (*ibid.,* p. 563) refiere dos ejemplos que toma de Woepke. El primero es un verso del *Surya Siddantha.* En el primero leemos:

Del apogeo de la luna: **fuego** – vacío – **ashvin** – **vasu** – **serpiente** – océano *en un yuga, en una dirección contraria al nodo* **vasu** – **fuego** – **pareja** – **ashvin** – **fuego** – **ashvin**

Según este método, como ya mencionaramos anteriormente, los números se enuncian, comenzando por las unidades, y continuando con las potencias mayores de diez. Sabemos además, según refiere Guitel, que:

Vacío: 0
Ashvin y pareja: 2
Fuego: 3
Océano: 4
Vasu y serpiente: 8

Esto nos permite traducir el verso de la manera siguiente:

Las revoluciones del apogeo de la luna en un yuga (4.320.000 años solares) son **488. 203** *y las revoluciones retrogadas del nodo* **232.238.**

El segundo ejemplo es la expresión que sirve para enunciar el *yuga,* es decir la era de 4. 320.000 años solares. Encontramos esta expresión en el verso 29 del *Surya Siddantha.* Allí se lee: «*cuatro vacíos-diente-océano*». Lo que da exactamente el número mencionado, si sabemos que vacío = 0 (por lo tanto, cuatro vacíos = «0000»), el «diente» tiene el valor de «32» y el «océano», tal como dijeramos anteriormente, de «4» (ver E. Woepke, «Mémoire sur la propagation des chiffres indiens», en *Journal Asiatique,* primer semestre, París, 1863, pp. 113-114). Se comprende, por lo tanto, que cada número tuviese la capacidad de convertirse en un pequeño poema, una suerte de haiku, que podía, a la vez, ser recitado, memorizado, comprendido y comentado literaria y filosóficamente. De este modo, se desarrolló un arte de las matemáticas muy ligado al de la poesía. Algunos poemas que llegaron hasta nosotros dan testimonio de este arte. Tobias Dantzig cita, en su *Number, The Language of Science* (MacMillan, 1966, pp. 81-82), dos fragmentos del Lîlâvatî, célebre tratado de matemáticas en forma de poema.

De un ramo de loto puro,
Un tercio, un quinto y un sexto
fueron ofrecidos respectivamente
a Shiva,
a Vishnu,
a Sûrya.
Uu cuarto fue presentado a Bhâvanî.
El resto, seis flores,
fue dado al venerable preceptor.
Dime, pronto, el número de flores...

Amantes entrelazados, siglo XI, arenisca, Khajuraho.

El segundo fragmento presenta el siguiente enigma matemático:

> *Durante los juegos amorosos un collar se partió.*
> *Un tercio de las perlas cayó sobre el suelo,*
> *un quinto se esparció por el lecho.*
> *La muchacha halló la sexta parte,*
> *la décima retuvo en sus manos el amado.*
> *Y seis perlas quedaron engarzadas en el hilo.*
> *Dime cuántas perlas tenía el collar.*

Al escribir estos poemas numéricos, los matemáticos respetaban la lógica del sentido, según la cual jamás se unían palabras, en una suma o resta, que no armonizasen por su significado, como por ejemplo flecha y fuego, planetas y serpientes, océanos y elefantes.

Estos poemas no sólo se componían para memorizar el arte del cálculo, sino también por amor al juego de las cifras y las letras. De este modo, la especulación sobre la ciencia de los números se convirtió, para la cultura india, en una práctica sofisticada y valorada por su gran belleza y sabiduría.

1.6. ¡SHÛNYA, SHÛNYA!: EL DESCUBRIMENTO DEL CERO

El hombre no es nada en sí mismo.
No es más que un infinito azar.
Pero es el responsable infinito de este azar.
ALBERT CAMUS

Una leyenda babilónica

Un día, un rey de Babilonia decidió construir una nueva ciudad y eligió para ello un determinado lugar. Luego, pidió consejo a los astrólogos de su país. Éstos consultaron los astros y las estrellas y aprobaron la elección del lugar. Pero agregaron una condición: para que la nueva ciudad contara con el favor de los hados, un niño, ofrecido voluntariamente por su madre, debía ser emparedado vivo durante las obras de construcción. Pasó mucho tiempo sin que nadie se presentase. Luego, al cabo de tres años, llegó un día una anciana, acompañada por un niño de unos diez años. En el momento de entrar en el muro, el niño solicitó al rey: «¡Oh, rey! Permíteme plantear tres enigmas a tus astrólogos. Si hallan las respuestas correctas, significará que han interpretado bien los signos, si no, que se han equivocado».

El rey accedió.

—¿Qué es lo más liviano, qué es lo más dulce, qué es lo más duro del mundo?—preguntó el niño.

Los astrólogos buscaron las respuestas durante tres días y, al fin, respondieron:

—Lo más liviano es la pluma; lo más dulce la miel; y lo más duro es la piedra.

Sin malicia, el niño repuso, burlándose de ellos:

—¡Cualquiera habría podido dar esta respuesta! No, lo más liviano del mundo es el niño en brazos de su madre: para ella, su hijo jamás es pesado; lo más dulce es para él la leche de su madre; y lo más duro del mundo es, para una madre, entregar ella misma a su hijo para que sea emparedado vivo.

Los astrólogos quedaron perplejos y reconocieron haber malinterpretado el mensaje de las estrellas. Así fue cómo el niño pudo salvar su vida...

El lector se preguntará por qué hemos escogido iniciar con esta leyenda el capítulo sobre el cero. Lo hemos hecho, en primer lugar, para recordar que, aunque realmente fueron los indios quienes inventaron y propagaron el concepto del cero, éste ya existía, bajo otra forma y conforme a una filosofía diferente, entre otras civilizaciones, en la cultura matemática babilónica (ver G. Guitel, *op. cit.*, p. 688).

Sin embargo, no se trata aún del signo filosófico del vacío empleado por los indios y no ha adquirido todavía el rango de un número, que interviene de pleno derecho en los diferentes cálculos, permitiendo una velocidad operatoria que revolucionaría la totalidad de las matemáticas. Pero esta breve historia tiene mucho más que decirnos.

¡Invito al lector a recurrir a su espíritu creativo y hermenéutico (interpretativo)!

Como escribiera G. Guitel (*op. cit.*, p. 547), «el estudio de las numeraciones utilizadas en la India es de una enorme importancia para la historia de las matemáticas, dado que está ligado a la difusión mundial de la más perfecta de las numeraciones de posición escritas».

Como ya hemos mencionado en la introducción, la numeración de posición significa que el valor de las cifras está determinado por la posición que éstas ocupan dentro de la escritura de los números. Esta numeración de posición adquirió su forma definitiva hacia el siglo VI d. C. Y es esta numeración de posición la que dio origen al cero (primero como signo, antes de convertirse de pleno derecho en un número), que indicaba un lugar vacío para las unidades, las decenas, las centenas, los millares, etc.

Ejemplo:

$$023$$
$$203$$
$$230$$
$$2003$$
$$20003$$

El cero y el pensamiento indio

Inicialmente, este lugar vacío se indicaba mediante un simple espacio libre entre las cifras, pero debido a la ambigüedad de lectura que este sistema implicaba, lo indios comenzaron a utilizar un signo, un punto o un círculo.

Para poder inventar el cero, fue necesario poseer un pensamiento capaz de aceptar la idea del vacío. Es importante resaltar que la lengua sánscrita poseía una palabra para este concepto: *shûnya*, a la vez «vacío» y «ausencia».[3]

Este término constituía, desde hacía muchos siglos, el núcleo fundamental de un pensamiento religioso y místico que ocupaba el centro de la vida y la cultura indias.

El vacío

Desde los primeros siglos de nuestra era, la palabra «shûnya» poseía el sentido de vacío, de cielo, de atmósfera y espacio. Como precisan Renou y Fillozat (*op. cit.*, pp. 708 y 709), el *shûnya* designaba también lo increado, el no-ser, la no-existencia, lo no-formado, lo no-pensado, lo no-presente, lo ausente, la nada, etc.

Del vacío al cero

Por consiguiente, los sabios de la India decidieron que, tanto desde un punto de vista filosófico como matemático, el término *shûnya* se adecuaba perfectamente para expresar la noción de ausencia de uno de los elementos del número: unidad, decena, centena, etc. Finalmente, este término se convirtió, dentro de esta numeración hablada, luego escrita, de posición, en esa criatura tan extraña y tan práctica que hoy en día llamamos cero.

Un cero llegado del cielo

Al igual que el resto de las cifras, el cero tenía muchos sinónimos, con frecuencia muy poéticos. Citemos, por ejemplo, *ananta*, el infinito, *vishnupada*, el pie de Vishnu, *jaladharapatha¸* el viaje sobre el agua, *pûrna*, la completitud, la plenitud, la integridad, la totalidad, etc. (ver G. Guitel, *op. cit.*, p. 561; L. Renou y J. Fillozat, *op. cit.*, pp. 708 y 709).

---

3. Esta palabra también puede aparecer transliterada como sûnya, *sûnya*, o con un «acento» (signo diacrítico) sobre la «s». Este concepto es de gran importancia para el budismo. *(N. del T.)*

El círculo: la primera representación gráfica del cero

De acuerdo con L. Renou y J. Fillozat, las ideas de cielo, espacio, atmósfera o firmamento, presentes en las primeras representaciones de la idea de vacío y de cero, llevaron a la realización de dibujos o signos que representaban la bóveda celeste: un semicírculo o un dibujo circular o, más sencillamente, un círculo geométrico...

Así fue cómo un pequeño círculo llegó a simbolizar gráficamente el concepto de cero.

El punto: un objeto «cerodimensional» (la segunda representación gráfica del cero)

¿De dónde proviene el hecho de que el «punto» fuese también una de las primeras representaciones simbólicas del cero?

Para responder a esta pregunta, nos valdremos de una metáfora: «El libro que tienen en sus manos es un objeto tridimensional, con largo, ancho y espesor. Imaginen que la mano de un gigante lo aplasta en todo su espesor. Sólo quedarán dos dimensiones, un gran rectángulo, un plano: largo y ancho. Imaginen ahora que la mano del gigante cae nuevamente sobre este rectángulo. Sólo quedará un objeto de una única dimensión, la recta. Y si el gigante se empecina en su afán destructor, sólo quedará un objeto de dimensión cero: ¡el punto!». (Ver Charles Seife, *Zéro, la biographie d'une idée dangereuse*, J.-C. Lattès, París, 2002.)

En el espacio geométrico de tres dimensiones, la reducción sucesiva de las dimensiones lleva a concebir un objeto «cerodimensional». ¡Ese objeto es el punto!

Las cuatro representaciones del cero en India

La palabra *shûnya* y sus diversos sinónimos sirvieron, en un principio, para denotar oralmente la ausencia de unidades de un cierto orden decimal, ya fuese en posición intermedia, final o inicial.

Actualmente, podemos reconocer cuatro representaciones y cuatro apelaciones distintas del cero indio.

Primeramente, el *shûnya-kha*, que literalmente significa «espacio vacío». Era el nombre del cero como operador aritmético, cuando todavía se representaba, en la numeración de posición escrita u oral, mediante un espacio (un casillero) vacío, para indicar la ausencia de unidades, decenas, centenas, etc.

Luego, estaba el *shûnya-châkra*, que literalmente significa «círculo vacío». Tal como señalan Renou y Fillozat *(ibid.)*, actualmente se lo utiliza en la mayoría de las notaciones de la India y del sudeste asiático.

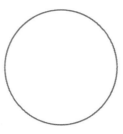

La tercera representación del cero es el *shûnya-bindu*, literalmente el «punto vacío» o «punto cero», que fue utilizado en las regiones de Kashimir. En lo que respecta al punto *bindu*, «no poseemos textos indios muy antiguos que traten de él, pero hay testimonios de su empleo en Camboya, a fines del siglo VII». (G. Guitel, *op. cit.*, p. 561.)

●

Más allá de su aspecto puramente geométrico y matemático, el *bindu* era, en las creencias tradicionales de la India, el punto original, dotado de energía creadora, capaz de engendrar el cosmos, punto arquetípico, símbolo del universo en su forma no manifestada, antes de transformarse en el mundo fenoménico de las apariencias *(rûpadhâtu)*, punto suceptible de engendrar todas las líneas y todas las formas *(rûpa)* posibles.

La evolución del concepto de cero terminará haciendo de él, de un simple signo de «notación de la ausencia», un auténtico número, que designa una cantidad nula. Se trata de la cuarta representación del cero. Se denomina, entonces, *shûnya-samkhyâ* (o *sankhyâ*), literalmente «número vacío».

De este modo, la numeración de posición escrita, al igual que el alfabeto, se convirtió en uno de los instrumentos mentales más fundamentales de la humanidad. Tanto uno como el otro fueron forjados en Oriente, mientras Occidente aún balbuceaba. En los capítulos siguientes, veremos cómo Europa adoptó estas nuevas cifras y esta numeración revolucionaria, asegurándole, con el pasar de los siglos, una difusión universal.

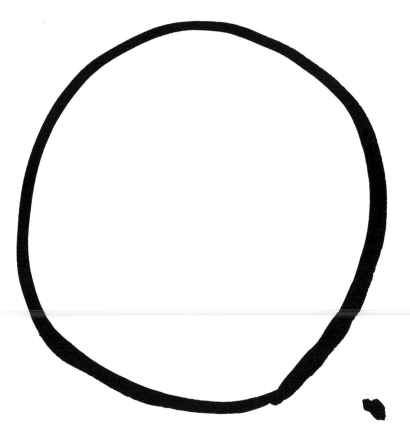

El cero châkra (el círculo) y el cero bindu (el punto).

2. De las cifras indoárabes en Oriente y en Occidente (del siglo IX al siglo XII)

2.1. DE CAMINO A BAGDAD

Un sólo vocablo basta para designar
al universo —decía. Pero ¿a cuántas palabras
debemos recurrir para entreabrirlo?
EDMOND JABÈS

Bagdag, la ciudad redonda

¡Otra historia verdadera o, al menos, una verdadera historia!
(La presentamos a los lectores, siguiendo con una bella versión que debemos al maravilloso talento de narrador de Denis Guedj. Recomendamos leer su ineludible *El teorema del loro: novela para aprender matemáticas*, Anagrama, Barcelona, 2003. ¡No se decepcionarán!)

«Todo empezó aquel día del año 773, cuando, tras un viaje interminable, una caravana pesadamente cargada, procedente de la India, se presentó ante las puertas de *Medinat al-Salam*, la Ciudad de la Paz: Bagdad.

»Al igual que Alejandría, Bagdad era una ciudad nueva, construida en apenas tres años. También se encontraba, como Alejandría, confinada entre dos ríos, el Éufrates y el Tigris. Otro rasgo que la asemejaba a la famosa ciudad del Delta eran los canales que la surcaban —todos los habitantes de la ciudad, los ricos por supuesto, estaban obligados a tener un asno en el establo y un barco en el río—. Y al igual que Alejandría, era un gran centro cosmopolita. Pero mientras que esta última era una ciudad rectangular, Bagdad era circular. La llamaban la "Ciudad Redonda".

»Una muralla circular geométricamente perfecta, como si hubiese sido trazada con compás, con la mezquita y el palacio del califa en el centro exacto del círculo, de donde nacían, en las cuatro direcciones, arterias que finalizaban en cuatro puertas cavadas en el muro. Estas puertas eran la única manera de entrar en la ciudadela.»

(Alejandría, fundada en el 331 a. C., desapareció en el 640.)

Puerta de ciudad árabe, 1548.

«Fue por una de estas puertas, la puerta de Khorassan, que entró en la Ciudad Redonda aquella caravana repleta de presentes para el califa al-Mansur (754-775), encaminándose lentamente hacia el palacio. La muchedumbre se agolpaba apresurada a su paso.

»Dentro del palacio, el califa era el único que podía desplazarse a caballo. Los viajeros descendieron de sus monturas y entraron en la sala de recepción.

»Calzado con unos magníficos botines rojos, vistiendo el manto del Profeta, portando su vara, su sable y su sello, el califa, en su función oficial de "enderezador de entuertos", arbitraba un conflicto entre dos querellantes. Pero los viajeros no podían verlo: según la costumbre, estaba oculto detrás de una cortina.

»El califa, que descendía directamente del Profeta (muerto en 632), era, gracias a este parentezco, el "jefe de los creyentes". Título supremo del Islam que le confería poder sobre todos los musulmanes del mundo.»

Surgido de unas pocas hectáreas de desierto, alrededor de la ciudad de Medina, el Islam se había esparcido por la tierra con una rapidez extraordinaria. El imperio islámico se extendía desde los Pirineos hasta las orillas del Indo. Vale la pena enumerar los países y regiones conquistadas o convertidas al Islam, en unas pocas décadas: la península Ibérica, Marruecos, Túnez, Argelia, Libia, Egipto, Arabia Saudí, Siria, Turquía, Irak, Irán, el Cáucaso, el Punjab y, poco después, Sicilia. Tras el dominio del imperio de Alejandro sobrevino el imperio romano, y, tras éste, el imperio musulmán. Su avance sólo se debilitó en las fronteras de China y sufrió sólo dos derrotas: en Constantinopla (Bizancio) en 717-718, donde la flota árabe fue finalmente repelida por los bizantinos, y en Poitiers, en 732, donde Carlos Martel frenó el avance árabe.

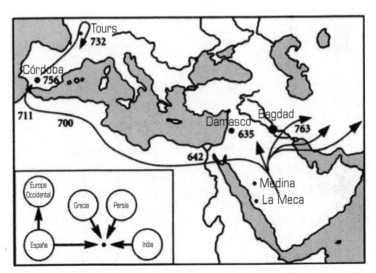

Las conquistas árabes. Las flechas indican la dinámica de las influencias culturales. Tomado de Menninger, *op. cit.*, p. 407.

La civilización árabe predominaría, entonces, del siglo VII al siglo XIV, sobre esta inmensa área geográfica. En 1236, Córdoba, capital del Occidente musulmán y centro de la civilización de al-Andalus, fue tomada por Fernando III de Castilla, y, en 1258, Bagdad, prestigiosa capital de Oriente, cayó bajo los embates de los mongoles. Pero la ciencia árabe siguió brillando a lo largo del siglo XIV: en Occidente, al sur, en España (reino de Granada) y en el noroeste de África; en Oriente, en el imperio de los mamelucos de Egipto y, durante periodos más breves, alrededor del observatorio de Maragha y de Samarcanda.

La Fina Flor de las historias, miniatura realizada por Louqman, 1583.
Mapa del universo: el globo terráqueo, los siete círculos del cielo, el zodíaco y la posición de los veintiocho días del mes.

La lengua y la ciencia de los árabes

En esa época, hacia el año 800, los distintos pueblos acababan de covertirse al Islam. La religión no bastaba por sí sola para unificarlos. Hacía falta una lengua común, esa argamasa especial capaz de unir, a pesar de su diversidad, pueblos tan dispares. ¡Ése fue el rol de la lengua árabe!

La importancia de la traducción

Cuando hablamos de ciencia árabe, nos referimos a obras científicas escritas en esta lengua, convertida durante un largo periodo de tiempo en la lengua internacional de las letras y la cultura.

Todo escrito, para poder tener cierta influencia y valor dentro de las ciencias, debía necesariamente emplear esta lengua. El afán científico había movilizado a todos los pueblos conquistados, desde los eruditos griegos emigrados a Persia como consecuencia de la opresión cristiana hasta los habitantes de al-Andalus y los bereberes, pasando por los sirios, los judíos, los sabeos, los turcos, los habitantes del Asia central o de las orillas del mar Caspio.

Para que la lengua pudiese expresar todas estas nuevas nociones científicas y de otro tipo (esencialmente administrativas), desconocidas por ella, había sido necesario enriquecerla, adaptarla, crear nuevas palabras, ampliar el campo semántico de las ya existentes, forjar nuevos conceptos.

En sí misma, la lengua árabe es de una gran riqueza; ofrece para cada noción, para cada objeto concreto, una gran variedad de sinónimos. La traducción de las obras científicas anteriores escritas en griego, siríaco o latín plantearon cuestiones terminológicas y la identificación de una serie de nociones que favorecieron la profundización conceptual de los conocimientos. Eminentes filólogos y lingüistas participaron de este enorme esfuerzo intelectual.

La creación de una gran universidad: la Casa de la Sabiduría

Construir una lengua es una aventura extraordinaria. Esta aventura pasa por los libros. En Bagdad, en el barrio de al-Karj, se encontraba el mercado de libros más grande que haya existido jamás. Las obras, papiros o pergaminos, venían de todas partes del mundo, tanto de Bizancio como de Alejandría, de Pérgamo o Siracusa, de Antioquía o Jerusalén. Los compraban a precio de oro. Una vez más, se impone el paralelo entre Bagdad y Alejandría. Ésta ostentaba el Museo y la Gran Biblioteca, aquella se daba el lujo de poseer una institución que se asemejaba como una hermana al museo: *Beit al-Jikmá, la Casa de la Sabiduría.*

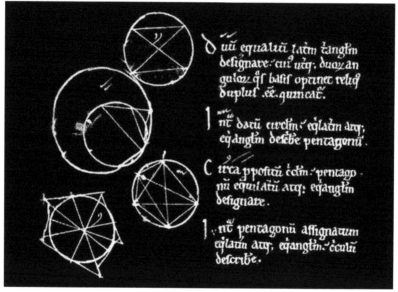

Traducción en bajo latín de los *Elementos*, de Euclides, obra atribuida generalmente a Adelardo de Bath, a partir del texto árabe.

Tanto en Alejandría como en Bagdad, habían construido un observatorio y una biblioteca. Los historiadores señalan, no obstante, que existía una diferencia entre las dos ciudades. En Alejandría, el museo precedió a la biblioteca. En Bagdad, la biblioteca fundada por Harun al-Rashid precedió a la Casa de la Sabiduría, creada por su hijo, al-Ma'mun.

La biblioteca de Bagdad fue la auténtica heredera de la de Alejandría. Pero vale la pena marcar una diferencia: los libros que llegaban a Alejandría estaban escritos, en su mayor parte, en griego, mientras que ningún libro de los que llegaban a Bagdad, en el siglo XI, estaba escrito en árabe. Todos tuvieron que ser traducidos.

Casa de la Sabiduría, 1494.

¡Traducir, traducir, traducir! El inicio de una empresa extraordinaria

El cuerpo de traductores de la Casa de la Sabiduría, cuenta Denis Guedj, constituía su mayor riqueza. Decenas de traductores llegados de todas partes, diligentemente consagrados a su tarea, frente a manuscritos, a su vez también llegados de todas partes del mundo. La extraordinaria diversidad de lenguas a partir de las cuales se llevaba a cabo esta transferencia hizo de Bagdad una Babel culta: griego, sogdiano, persa, sánscrito, latín, hebreo, arameo, siríaco, copto... Y todos los traductores eran eruditos. Era indispensable que así fuera, habida cuenta de la naturaleza de las obras a traducir. Textos científicos y textos filosóficos. Primeramente, los griegos: Euclides, Arquímedes, Apolonio, Diofanto, Aristóteles (¡todo Aristóteles!), Ptolomeo, el geógrafo, Hipócrates y Galeano, los médicos, Herón, el mecánico, etc.

En vastos talleres de caligrafía, ejércitos de escribas trabajaban sin cesar. Las obras, ahora vertidas al árabe, comenzaron a poblar los estantes de la biblioteca de la Casa de la Sabiduría. Las copias se multiplicaron. Todo estaba listo para que, por medio de estas obras, ahora accesibles, estos saberes llegados de otras partes del mundo se propagasen por el inmenso imperio árabe.

Las bibliotecas privadas, prosigue Denis Guedj, se volvieron cada vez más numerosas. La más prestigiosa, la del matemático al-Kindi, era la envidia de todos los bibliófilos. Un tesoro por el que, a su muerte, disputaron los estudiosos con vehemencia. Los tres hermanos Banu Musa (Mohamed, Ahmed y Hassán), los primeros geómetras árabes, terminaron por apoderarse de ella. Verdadera institución, el trío de hermanos matemáticos disponía de sus propios traductores que ellos enviaban, sin escatimar en gastos, al extranjero en busca de las obras antiguas más codiciadas. En poco tiempo, según los parámetros de la historia, el mundo árabe logró asociar a su cultura tradicional un saber moderno de una amplitud considerable. Durante siete siglos, un periodo apenas menor que el que separa Tales de Menelao, en esa región del mundo prosperaron las ciencias.

Alejandía había tenido sus Ptolomeos, Bagdad tuvo a sus califas enamorados de las artes y las ciencias. Éstos lanzaron a los cuatro vientos una caza de manusritos semejante a aquella otra, iniciada mil años antes por los Ptolomeos. Tras al-Mansur, el califa que había recibido el obsequio de los emisarios indios, ocupó su lugar Harun al-Rashid, el de *Las Mil y una noches*, y luego su hijo al-Ma'mun.

Al-Ma'mun. ¡Un califa racionalista! Adepto apasionado de Aristóteles, no sentía aprecio por los integristas, a quienes expulsó de su reino. Este califa fue el alma de la Casa de la Sabiduría.

También se cuenta esta anécdota magnífica. Después que sus tropas obtuvieron una victoria sobre las armas bizantinas, al-Ma'mun propuso un soprendente intercambio al emperador de Oriente: ¡libros por prisioneros! El trato concluyó cuando un millar de guerreros cristianos liberados por los árabes regresaron a Constantinopla, mientras que, en sentido inverso, una decena de obras rarísimas, la flor de las bibliotecas bizantinas, llegaba a Bagdad y era acogida con gran exaltación en la Casa de la Sabiduría.

Un regalo maravilloso

Volvamos a nuestra caravana...

Entre los suntuosos obsequios transportados en sus cofres, había uno que llegaría a tener una importancia capital para los sabios árabes, el *Siddhântha*, que ya hemos mencionado antes, un tratado de astronomía con tablas y cálculos, escrito un siglo antes por Brahmagupta. En esas páginas, un tesoro. ¡Diez pequeñas figuras!

Uno, dos, tres..., hasta nueve. Sin olvidar el último, el «cero».

Naturalmente, existen otras versiones, más eruditas, más realistas, y más simples que esta historia. La reconstrucción más verosímil es que «el furor de traducir», del que hemos hablado, llevó a la importación de manuscritos indios que contenían tratados de astronomía y matemáticas. Este pasaje de la India a Bagdad fue la primera etapa del gran viaje que realizarían las cifras.

Icosaedro truncado (poliedro de Arquímedes) hueco, llamado también triacontadoedro (dibujo atribuido a Leonardo da Vinci).

2.2. AL-JABR Y ÁLGEBRA: RETRATO DE AL-JWARIZMI

El arte es una herida que se vuelve luz.

GEORGES BRAQUE

Los sabios árabes expresan su gratitud para con el sistema de numeración india

Entonces, alrededor del año 773 o 776, los buscadores de manuscritos, emisarios del califa, o los sabios indios llegados a Bagdad en la caravana de nuestra leyenda llevaron, muy probablemente entre las obras sánscritas ofrecidas al califa, el *Brahmasphuta Siddhânttâ*, tratado de astronomía, cuyo título significa literalmente «sistema revisado por Brahma», escrito en 628, por ese genio indio que fue Brahmagupta, cuando sólo tenía treinta años.

El califa al-Mansur ordenó de inmediato traducir esta obra al árabe para que los musulmanes pudieran adquirir un conocimiento exacto de las estrellas y del cálculo. El libro recibió, entonces, el nombre de *Sinhind*. También ordenó componer otra obra basada en esta traducción, para dar a conocer a los estudiosos árabes estas maravillas que eran el sistema de numeración decimal de posición, el cero, los métodos de cálculo y los fundamentos del álgebra india.

Retrato de un célebre matemático: al-Jwarizmi

Entre estos sabios se encontraba un hombre llamado Abu Jafar Muhammad ibn Musa al-Jwarizmi. Vivió durante el califato abasí y era originario de la provincia persa de Jorezm, al sur del mar de Aral, que los griegos denominaban Khoriasma.

Al-Jwarizmi fue uno de los matemáticos de lengua árabe más célebres de su tiempo y de la civilización árabe islámica en general: nació en 783 en Jiva en la provincia de Jorezm, y murió en Bagdad en 850.

Vivió en la corte del califa al-Ma'mun y fue uno de los miembros más importantes de un grupo de matemáticos y astrónomos que trabajaron en la Casa de la Sabiduría, la academia científica de Bagdad que mencionamos en el capítulo precedente.

La invención de la palabra álgebra

Al-Jwarizmi escribió numerosas obras, entre las cuales se encuentra un breve texto, publicado alrededor de 820, sobre la aritmética, en el que explicaba la utilización de las nuevas cifras indias y la numeración de posición, que él mismo había descubierto en las obras de los sabios indios (Menninger, *op. cit.*, p. 411).

Retrato tradicional
que representa
a al-Jwarizmi.

A propósito de esta numeración india, decía y repetía que «era el método de cálculo más rico y más rápido, el más fácil de captar y de aprender», como refiere (hacia 900) el astrónomo al-Hussein Ben Muhammad, más conocido con el nombre de Ibn al-Adami (citado por Roshi Rashed).

Al-Jwarizmi escribió un libro titulado *Kitab al-jabr wa'l-muqabala* («Libro sobre el cálculo por restauración y reducción»), dedicado a los procedimientos fundamentales de las ciencia algebraica.

La resolución de las ecuaciones (diofánticas) implica dos principios básicos, la transposición de un término con un cambio de signo:

$$A - X = B, \text{ de donde } A = X + B$$

y la reducción de términos semejantes:

$$A + X = B + X, \text{ de donde } A = B$$

Astrónomos
y sabios
del observatorio
en la torre
de Galata,
en Estambul
(miniatura
del siglo XVI).

El primer procedimiento se denomina en árabe *jabr* (restauración o transposición) y el segundo procedimeinto se denomina *muqabala* (equiparación o reducción). El primer término dio la palabra «álgebra» para designar la aritmética de este tipo de ecuaciones. Pero no fueron los matemáticos árabes quienes inventaron la resolución de las mismas. Los sabios árabes, aunque leyeron a Diofanto (remitirse al «Glosario de nombres propios»), y lo superaron ampliamente, avanzando en el estudio de las relaciones numéricas, no llegaron a inventar por completo el álgebra, que implica la existencia de tres elementos: la noción de incógnita, la de ecuación y, sobre todo, la idea de representar los números (conocidos o desconocidos) mediante símbolos *ad hoc* (para un uso particular). Este tercer elemento faltó a los árabes, al igual que había faltado a Diofanto, y sólo surgiría siglos después.

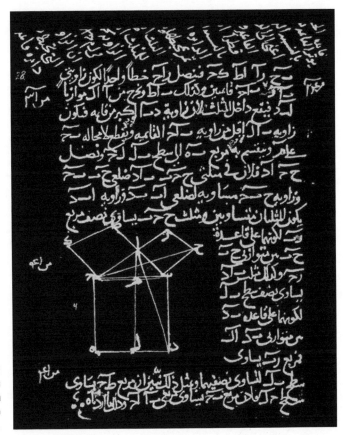

Explicación
del teorema
de Pitágoras en
un manuscrito
árabe.

Fue a través de las obras de al-Jwarizmi que la numeración y las cifras indias, convertidas ya en indoárabes, serían introducidas en las ciencias matemáticas occidentales. (Jean Baudet, *Nouvelle Abrégé d'histoire des mathématiques,* Vuibert, París, 2003.)

Merecen ser citadas otras dos obras que usaron el sistema indio y contribuyeron a su difusión. Éstas fueron compuestas por Ahmad ibn Ibrahim al-Uqlidisi: *Kitab al-fusul fi al-hisab al-hindi*, publicada en 953, en Damasco, y *Kitab al-hajari fi al-hisab,* publicada en 960.

Nota: desde el punto de vista etimológico, la palabra «*al-jabar*» designa al médico que vuelve a colocar los huesos en su lugar.

Es interesante señalar que, en el texto bíblico, Jacob queda cojo, tras el célebre episodio, conocido con el nombre de «combate con el ángel», y que esta cojera no es remediada.

Un nombre que pasa a la posteridad

Célebre y celebrado, al-Jwarizmi será traducido al latín y su nombre se convertirá, primero, en Alchoarimsi, luego, en Algorismi, y más tarde en Algorismus, para terminar transformándose en Algoritmo (de la pronunciación de su nombre también derivó el término «guarismo»). (Ver Menninger, *op. cit.,* p. 412.)

Posteriormente, el nombre de este sabio se convertiría en sinónimo de los métodos de cálculo de origen indio, sistema constituido por nueve cifras y el cero, antes de adquirir el sentido que se le da actualmente; un proceso con diferentes fases que deben seguirse escrupulosamente para llegar a producir un determinado resultado, o en otros términos, procedimiento o pasos a seguir para resolver un problema matemático o de otro tipo.

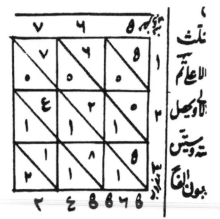

Ecuaciones en lengua árabe y operaciones. Manuscrito árabe del siglo XVII, conservado en la Bayrische Staatbibliothek, Múnich. Tomado de Menninger, *op. cit.,* p. 442.

Variaciones del 6 en cifras *ghubar*. Tomado de Smith, *op. cit.,* p. 74.

Variaciones del 7 en cifras *ghubar*. Tomado de Smith, *op. cit.,* p. 74.

2.3. VIAJE A ARABIA... DE LAS CIFRAS INDIAS A LAS CIFRAS INDOÁRABES

Lo que viene al mundo para no perturbar nada
no merece ni consideración ni paciencia.

RENÉ CHAR

Ahora debemos volver a la evolución gráfica de la escritura de las letras y las cifras, para ver cómo, a partir de su adopción por parte de los árabes, las cifras adoptaron dos formas diferentes, ligadas respectivamente a dos variantes de la escritura árabe. Hablaremos entonces de cifras «indoárabes orientales» o «cifras hindis», y de cifras «indoárabes occidentales», también llamadas «cifras *ghubar*». A continuación, explicaremos el sentido de estos términos.

La forma de las cifras «indoárabes orientales»: las cifras hindi

Tal como exponen D. E. Smith y J. Ginsburg en *Numbers and Numerals*, en un principio, las cifras que heredaron los árabes de los indios conservaron, con algunas variaciones, sus formas originales: las nueve cifras indias del estilo *nâgari*.

(D. E. Smith y J. Ginsburg, en *Numbers and Numerals*, Nueva York, 1937, p. 20. Ver también D. E. Smith, *Numbers Stories of Long Ago*, 1919, *Rara Arithmetica*, 1908 y *History of Mathematics*, 1925 [en especial el primer capítulo del segundo volumen]. Se podrá consultar también con mucho provecho D. E. Smith y Karpinski, *The Hindi-Arabic Numerals*, 1911. Ver también James Février, *Histoire de l'écriture*, Payot, 1948 [apéndice II, «Les signes de numération», pp. 578-589] Février precisa que la mayor parte de las informaciones concernientes a la India le fueron brindadas por su colega, Jean Fillozat. Ver también p. 587, la discusión respecto del origen de las cifras árabes que, según algunos investigadores como el barón Carra de Vaux, serían, más probablemente, de origen griego; esta última opinión fue desechada por las posteriores investigaciones.Ver también K. Menninger, *op. cit.*, 406, «Indian Numerals in Arab Hand».)

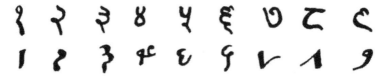

Cifras nâgari y cifras árabes orientales llamadas «hindi», en la primera fase de su adopción. Tomado de Renou y Fillozat, *op. cit.*

Las cigras dan un giro de 90 grados

Con el tiempo, la forma de las cifras evolucionó, sufriendo, por razones técnicas de escritura, un giro de 90 grados. Asistemos así al giro y a la evolución gráfica de las cifras indias en los países orientales, lo que produjo como resultado las formas siguientes:

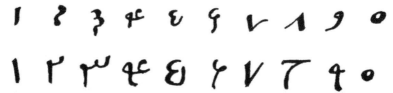

Cifras nâgari y cifras árabes orientales llamadas «hindi», en la primera fase de su adopción. Tomado de Renou y Fillozat, *op. cit.*

El giro es especialmente característico para el 3:

Es interesante señalar que en la evolución de la escritura, en el pasaje del fenicio al griego, por ejemplo, las letras sufren el mismo giro. Así la letra E:[4]

Es interesante señalar que en la evolución de la escritura, en el pasaje del fenicio al griego, por ejemplo, las letras sufren el mismo giro. Así la letra E:[4]

---

4. En ambos casos, el giro se debió al cambio de sentido de la escritura. Las cifras pasaron a escribirse, en vez de izquierda a derecha, como sucedía en sánscrito, de derecha a izquierda, que es el sentido en que se escribe el árabe. En el caso del alfabeto, el cambio de sentido ocurrido entre la escritura fenicia y la griega fue el inverso. *(N. del T.)*

Al término de una evolución que parece detenerse y oficializarse ya en el siglo XII, las cifras indias se presentan en los países árabes orientales bajo la forma siguiente:

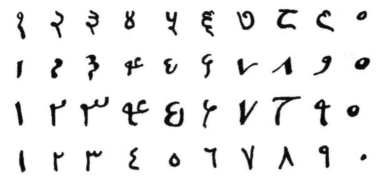

Cifras árabes orientales.

Fue bajo esta forma que las nueve cifras de origen indio, llamadas por otro lado *arqamiya al-hindi* («cifras indias») por los sabios árabes, se propagaron por las regiones orientales del mundo árabe musulmán.

Señalemos, además (ver Menninger, *op. cit.*, p. 413), que estas cifras «indoárabes» aún se emplean en Irán, Pakistán, Afganistán e incluso en la India musulmana, en todos los países árabes del golfo pérsico, al igual que en Jordania, Siria, Egipto e Israel (dado que en este país el árabe es la segunda lengua oficial después del hebreo).

Evolución de las cifras indias hacia las cifras indoárabes de tipo hindi.
Tomado de Renou y Fillozat, *op. cit.*

Nota: durante todo el proceso de evolución de estos signos, el cero oscila entre el círculo y el punto, estabilizándose finalmente como un punto; victoria del *bindu* sobre el *châkra*... ¡Para meditar!

Además, en este sistema de notación oriental, el círculo pequeño sirve para escribir el cinco, que a veces también se indica mediante un signo con la forma de un corazón invertido.

Fecha del 31 de enero de 1955 en cifras árabes orientales.
Tomado de Menninger, *op. cit.*, p. 413.

Las cifras «indoárabes occidentales»: las cifras *ghubar* o *ghubari*

Junto a las cifras «indoárabes orientales», existían en los países del noroeste de África y de la España musulmana cifras indoárabes occidentales, diferentes, por su forma, de sus equivalentes occidentales, que derivaban directamente de las cifras indias. (El noroeste de África suele recibir el nombre de Magreb, palabra árabe que significa «occidental», de la raíz GRB, «ocultarse», referido al sol.)

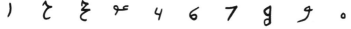

Cifras *ghubar*, según Woepcke.

Estas cifras «indoárabes occidentales» se denominan en árabe *ar-qamiya al-ghubar* (*gubar* o *gobar*), es decir «cifras de polvo», en alusión al polvo o la arena con que los matemáticos cubrían sus tablillas de cálculo, para escribir sobre ellas y luego poder borrar, antes de volverlas a utilizar en nuevas cuentas.

(Ver Menninger, *The Gubar Numerals, op. cit.*, p. 415. Ver también Woepcke, *Mémoire sur la propagation des chiffres indiens, op. cit*, 1863.)

De la India al Magreb, pasando por...

Tal como señala Menninger *(ibid.)*, las ciencias de la aritmética india se propagaron a las regiones árabes musulmanas occidentales, por contacto con sabios indios, y a través de la circulación de obras entre los estudiosos árabes de Oriente y Occidente, así como también —y es importante destacarlo— mediante los intercambios comerciales, llevados a cabo por mercaderes, que no sólo estaban iniciados en las ciencias indias del cálculo, sino que, además, poseían conocimiento de diversas lenguas, convirtiéndose así en el nexo entre culturas diferentes y, en nuestro caso, en particular, entre la India y el noroeste de África. (Ver también Smith y Karpinski, *op. cit*, pp. 101 y ss.; ver también Woepcke, *ibid.*)

Comerciantes y caravanes orientales.

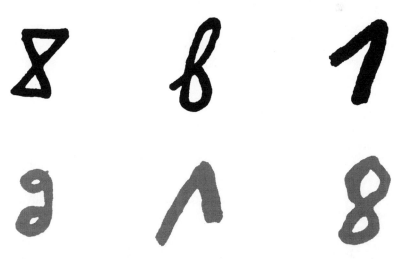

Variaciones del 8 en cifras *ghubar*. Tomado de Smith, *op. cit.*, p. 74.

La relación entre la escritura árabe y la escritura de las cifras indoárabes

Como acabamos de mencionar, tanto las cifras hindi como las cifras *ghubar* provienen de la misma fuente india. Para los investigadores de este campo, las variaciones ente ellas son consecuencia de la diversidad de estilos de la misma escritura árabe, diversidad ligada, a su vez, con el material y las distintas técnicas empleadas por los escribas de cada región.

(Nos remitimos aquí a los estudios, ya antiguos pero que aún mantienen su actualidad, de Pihan A. P., quien fuera director de la Imprimerie nationale: *Exposé des signes de numération usités chez les peuples orientaux anciens et modernes*, París, 1860, *Glossaire des mots français tirés de l'arabe, du persan et du turc, contenant leur étymologie*, París, 1847, 1847, y *Notices sur les divers genres d'écritures des Arabes, des Persans et des Turcs*, París, 1856. Ver también las notas escritas para los caractéres de la Imprimerie nationale (Éditions de la Imprimerie nationale, París, 1990). Ver también François Desroches, «L'écriture arabe», en *Histoire de l'écriture*, Flammarion, 2001, pp. 219 y ss., y James Février, *op. cit.*, pp. 262 y ss.)

Lengua, escritura y religión

Como señala Février en la introducción a su capítulo sobre la escritura árabe (*op. cit.*, p. 262): «Es necesario distinguir cuidadosamente la lengua árabe, la escritura árabe y la religión islámica». Février se disculpa ante el lector «por recordar nociones tan elementales», pero que, no obstante, revisten gran importancia, pues permiten evitar las peores confusiones.

Podemos ilustrar esta distinción recordando, por ejemplo, que «la lengua árabe fue escrita, a veces, mediante el alfabeto siríaco o el alfabeto hebreo, que la escritura árabe sirvió y aún sirve para escribir lenguas que no sólo no son el árabe, sino que, en algunos casos, ni siquiera son de origen semítico, y que, por último, la religión del Islam sólo penetró imperfectamente en ciertas partes del mundo árabe y, a su vez, desborda ampliamente sus límites» *(ibid.)*.

La inscripción más antigua que se conoce en lengua árabe

La acotación precedente permite apreciar mejor el hecho de que la inscripción más antigua que se conoce en lengua árabe date de 328, y que fuera descubierta en los alrededores de Siria, en el país druso, en En-Nemara. Esta inscripción no utiliza aún los caracteres árabes, sino que está escrita en nabateo. Como señala Paul-Marie Grinevald en sus notas de la *Imprimerie nationale* (*op. cit.*, p. 186): «El reino nabateo, en un principio limitado a los territorios circundantes de la ciudad de Petra, al norte del mar Rojo, fue anexando gradualmente la Transjordania hasta Damasco y se extendió hasta Medina. La lengua nabatea era el arameo y su escritura, una transformación de la escritura aramea, adornada con rizos, círculos y distintos trazos». Y el autor de esta nota agrega que «la importancia geográfica del reino nabateo, intermediario entre el Extremo Oriente y la Arabia meridional, por un lado, y el mundo mediterráneo, por el otro, favoreció un poder político que duró tres siglos, hasta el año 106 d. C., fecha en la que fue creada la provincia romana de Arabia. Este cambio no provocó la desaparición de la escritura nabatea, que subsistió como escritura popular, y, de hecho, fue utilizada por ciertas tribus árabes del desierto de Siria para transcribir su lengua» (*ibid.*). Aclaración que explica el descubrimiento realizado en En-Nemara. Esta inscripción muestra cómo «la escritura árabe surgió de modelos nabateos, cuya forma general conservó, además de las reglas de ligadura de las letras».

Evolución de la escritura árabe

La esritura árabe se escribe, al igual que el hebreo, de derecha a izquierda, por medio de letras que, en su mayoría, se ligan entre sí. En su forma más completa, el alfabeto está compuesto por 28 letras, 25 consonantes y 3 semivocales.

Las vocales, al igual que la ausencia de vocalización y la reduplicación de ciertas letras, se indica mediante signos que se colocan por encima o por debajo de las letras. Estos signos siempre se escriben en el Corán y en las obras cultas y didácticas, pero no así en el uso corriente. Existen también puntos diacríticos que sirven para distinguir las letras de forma idéntica. Es importante señalar que, en hebreo, no puede puntuarse el texto sagrado, la Torá. Sin duda, esta diferencia induce importantes comportamientos hermenéuticos, como la libertad de leer la misma palabra con otras vocales, por ejemplo, o la posibilidad de realizar una serie de permutaciones y anagramas que constituyen la base de las interpretaciones del Midrash, el Talmud y la Kábala.

Texto

Transcripción

```
TY NPŠ MR'LQYŠ BR 'MRW MLK 'L'RB KLH DW 'SR'LTG
WMLK 'L'SDYN W NZRW WMLWKHM WHRB MHGW 'KDY WG'
BZGV PY HBG NGRN MDYNT ŠMR WMLK M'DW WBNN BNYH
'LŠ'WB WWKLHN PRŠW LRWM PLM YBL' MLK MBL'H
'KRY HLK ŠNT 223 YWM 7 BKŠLWL BLŠ'D DW WLDH
```

Traducción

Esta es la tumba de Imrulqays, hijo de Amru, rey de todos los árabes, que ha portado la corona y reinado sobre los dos Asad y sobre Nizar y sobre sus reyes; que ha puesto en fuga a Mahagg (?) con poderío (?) y ha llevado el éxito (?) al sitio de Negran, ciudad de Shammar y ha colocado a sus hijos Ma'add y Bannan (?) como reyes sobre las tribus y las ha organizado como caballeros para Roma. Ningún rey ha logrado lo que él ha logrado en poderío (?). Falleció en el año 223, el 7 de kislul. Feliz aquel que lo ha engendrado.

Inscripción de En-Nemara (328), tomada de R. Dussaud y F. Macler, *Revue d'archéologie*, 1902. Retomada por Février, *op. cit.*, p. 264.

Los caracteres propiamente árabes no aparecen con su trazo definitivo hasta el siglo VI. A partir del surgimiento del Islam (la héjira o era islámica comienza en 622), la escritura evolucionó según varios estilos diferentes, de entre los cuales los más corrientes e importantes son: el cúfico, el *naskhî* y el *maghribi*.

1. La escritura cúfica

Es una escritura procedente de los escribas de la ciudad de Cufa (o Kufa, ciudad fundada en 638) a orillas del Éufrates. Esta escritura posee un carácter sagrado y religioso, que conserva hasta nuestros días, porque fue utilizada durante los primeros siglos del islamismo para la liturgia, para la redacción de textos religiosos y jurídicos, y para inscripciones sepulcrales y decoraciones caligráficas de las mezquitas. La escritura cúfica se esculpía con cincel sobre los edificios de piedra o se grababa con buril en madera o cobre. De allí su forma angulosa y rígida.

Detalle de un portón con decorados caligráficos de la mezquita Ince Minarelli. Siglo XIII, Konia, Turquía.

Casi todos los Coranes de los primeros siglos de la héjira que se conservan estaban escritos en cúfico. Con el tiempo, esta escritura se tornó compleja, llenándose de arabescos, ligaduras y extraños enmarañamientos, adornos que tornaron casi ilegibles las palabras. Son el cúfico trenzado, cuyos ganchos se entrelazan, y el cúfico florido o «carmático». Muy pronto, este estilo de escritura se convertiría en pura ornamentación, especie de tipografía reservada para los títulos y para adornar los márgenes de los textos o monumentos. Février refiere también que B. Moritz dio a esta escritura cúfica el nombre de escritura monumental o hierática (sagrada). (Février, *ibid.*)

Su característica principal es la de sugerir la impresión visual de elevarse hacia lo alto, evocando la imagen de una ciudad, con los techos de sus casas y los minaretes de sus mezquitas rozando el cielo. La gran mayoría de las letras se escriben por encima de lo que parecería ser, a grandes rasgos, una línea guía inferior.

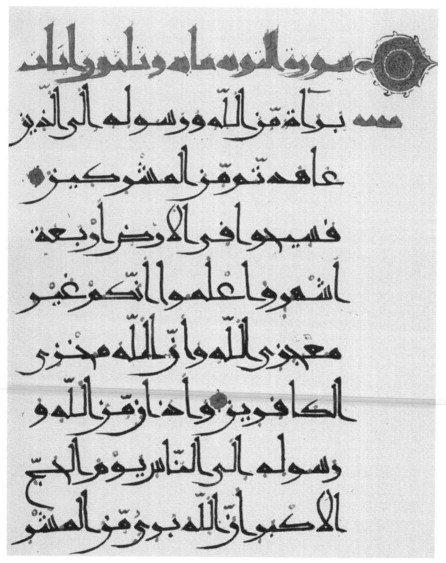

Cúfico oriental, siglos VI-XII, Persia. Manuscrito conservado en la Chester Beatty Library, Dublín.

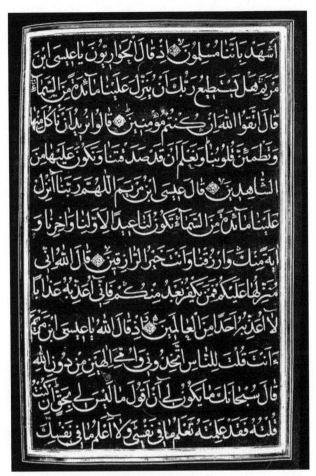

Nashkî, caligrafía de Ahmad Nayrizi, 1126-1714, Persia. Manuscrito conservado en la Mashhad Shrine Library.

2. La escritura naskhî o nâskh

Junto a la cúfica, aparece documentada tempranamente, a partir del año 22 de la héjira, otra escritura, la escritura *naskhî* o *nâskh* («escritura de copista»). Más cursiva, más redondeada, sin duda más simple de utilizar (se escribe sobre papiro con un junco tallado en la punta, llamado «cálamo», y una tinta espesa), aún se emplea en la actualidad en todo el mundo de cultura árabe, y en particular en su parte oriental. Aunque mucho más redondeada que la cúfica, esta escritura sigue apoyándose sobre una línea guía virtual inferior, y las letras, en su conjunto, se despliegan hacia lo alto por encima de la misma.

3. La escritura *maghribi*

Con posterioridad a estos dos estilos de escrituras, se desarrolló un tercer tipo, empleado como escritura corriente en diferentes regiones del mundo árabe, entre las cuales cabe mencionar a la España medieval. Por haberse vuelto, y ser aún hoy, la escritura predilecta del Magreb (noroeste de África) y en particular de Marruecos, recibió el nombre de *maghribi*, escritura del Magreb o escritura africana u occidental. De acuerdo con Grinevald (*op. cit.*, p. 194), «su aspecto muy arcaico le confiere un carácter neocúfico de forma cursiva, provisto de puntos diacríticos». Además, «las letras ascendentes se curvan hacia la izquierda (el persa, en cambio, se eleva hacia la derecha) y con frecuencia la cola de ciertas letras se extiende con elegancia por encima de las palabras».

De las letras árabes a las cifras «indoárabes»

Nos encontramos ahora en condiciones de explicar la filiación entre las letras árabes y las cifras llamadas «árabes» (o «arábigas») o, más exactamente, «indoárabes». Los investigadores de las mate-

Maghribi, con primera línea en cúfico ornamental occidental, 975-1568. Manuscrito conservado en la British Library, Londres.

máticas, la historia y la paleografía, tras comparar la forma de las letras y las cifras de cada región, llegaron a las siguientes conclusiones: las cifras árabes orientales o hindi siguen las reglas de la cursiva *naskhî*; en cambio, las cifras *ghubar* evidencian una proximidad de estilo, forma y trazado con las curvas, las patas y los ángulos de las letras de la escritura cúfica.

(Ver, entre otros, Woepcke, *Mémoire, op. cit.*, pp. 62 y ss.; Aly Mahazéri, *Les Origines persanes de l'arithmétique: problèmes d'histoire interculturelle*, Kushiyar Abu Al-Hasan Al-Gili, 971-1029, texto establecido, traducido y comentado por Aly Mazahéri, Niza [Institut d'études et de recherches inter-ethniques et inter-culturelles, 1975, colección Études préliminaires IDE-RIC, n.º 8, traducción de la obra *Maqalatan fi-ocul hisab al-hind*, según el manuscrito Santa Sofía de Estambul].)

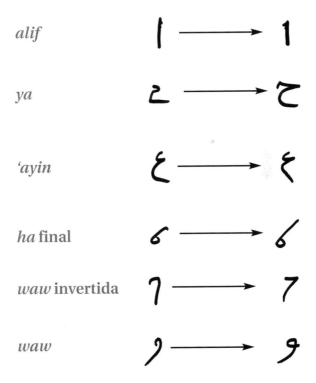

alif

ya

'ayin

ha final

waw invertida

waw

Correspondencia entre las letras *maghribi* y las cifras *ghubar*.

Del ghubar a las cifras occidentales del mundo cristiano

Llegamos así a la etapa final de este gran viaje de las cifras. Fue bajo su forma *ghubar* que las mismas alcanzaron el Occidente cristiano, entrando a través de España, que por entonces desempeñaba el papel de nexo entre el mundo musulmán y el mundo cristiano. Los próximos capítulos estarán dedicados a esta etapa.

3. De cómo llegaron las cifras indoárabes al Occidente cristiano

3.1. GERBERTO DE AURILLAC, EL PAPA DE LA CIFRAS

Los poetas son más fuertes que el verdugo.
ERRI DE LUCA

¡La sorprendente Edad Media!

Llegamos ahora al Medievo. Durante este periodo, los conocimiento científicos eran muy rudimentarios.

En esa época, la instrucción destinada a una elite consistía, en primer lugar, en el hecho de aprender a leer y escribir. Después, seguía el *trivium* que ofrecía el estudio de tres disciplinas básicas: la gramática, la retórica y la dialéctica. Luego, para quienes proseguían los estudios, se iniciaba el *quadrivium*: aritmética, geometría y música. Estas siete ciencias constituían lo que se denominaba las *siete artes liberales* (ver Menninger, *op. cit.*, p. 177). En este caso, la palabra «aritmética» es sin duda muy pretenciosa, ya que se trataba de aprender a contar y hacer algunas operaciones, según la antigua numeración romana, por medio de guijarros o fichas sobre el *abacus*, «tabla de cálculos» que Occidente había heredado de los romanos. (Ver Menninger, *op. cit., The Counting Board in the Early Middle Ages*, pp. 319 y ss.)

Esta aritmética comprendía también una técnica de cálculo digital (por medio de los dedos) establecida por Beda el Venerable, fallecido en 735. (Ver Menninger, *ibid.*, p. 201, *The Venerable Bede and his finger counting.*)

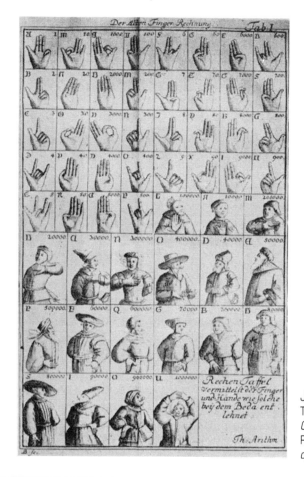

Jacob Leupold,
Theatrum *Arithmetico-Geometricum*, 1727.
Retomado por Menninger,
op. cit., p. 207.

En resumen, la aritmética y las técnicas de cálculo y cómputo eran bastante elementales y de nivel extremadamente bajo. Fue necesario esperar a la revolución de Gerberto de Aurillac, quien se convertiría en el papa Silvestre II, para que esta aritmética comenzase a desarrollarse. Y esto, gracias a la herencia que recibiría de la numeración india de posición y de las nueve primeras cifras: 1, 2, 3, 4, 5, 6, 7, 8, 9.

Un nuevo papa es llamado a ocupar el trono de san Pedro: Gerberto de Aurillac

«¡Sorprendente destino el de este genio!», escribe Lucien Gérardin, quien nos refiere esta bella historia:

Retrato de Gerberto
de Aurillac (938-1003).

«La inteligencia excepcional de este joven pastor de Auvegne atrajo la atención de un monje de Aurillac. Nacido en 945, Gerberto de Aurillac fue primero novicio en el convento de Saint-Géraud. Aprendió todo lo que pudieron enseñarle. Su superior lo envió entonces a Cataluña, al monasterio de Vic.

»Hatton, obispo de esta diócesis catalana, cultivaba las artes matemáticas y la astronomía. Percibe los talentos y la inteligencia del joven Gerberto y hace de él su secretario. Le enseña el sistema de numeración, al igual que los métodos de cálculo de origen indio, que seguramente había aprendido durante una o varias de sus estadías en al-Andalus.»

(Otra versión de la historia sostiene que, para ser iniciado en el cálculo indoárabe, Gerberto de Aurillac habría viajado personalmente a Sevilla, Fes y Córdoba, introduciéndose en las universidades árabes bajo el aspecto de un estudioso musulmán. Ver también C. Gillispie, *Dictionary of Scientific Biography*, 16 volúmenes, Nueva York, 1970-1980. Para la biografía de Gerberto, ver también D. E. Smith, *History of Mathematics*, tomo II, p. 194, *The Occident from 1000 to 1500*, Dover, Nueva York, reedición de 1958.)

El obispo lo lleva a Roma en 965

Gerberto no sólo se convierte en un buen matemático, sino también en un fino estratega político. En la capital de las cristiandad, se granjea la amistad de personas poderosas e, introduciéndose en política, promueve el ascenso al trono de Hugo Capeto. «Un favor se paga con otro favor, agrega Gérardin, el monarca nombra al antiguo pastor arzobispo de Reims.»

Gerberto conocía bien Reims, dado que había dirigido allí la escuela de la diócesis, desde 972 a 987. También dirigirá la abadía de Bobbio en Italia y obtendrá el cargo de consejero del papa Gregorio V. El ascenso de su carrera no se detendrá, pero, sin duda, más gracias a sus méritos e inteligencia que al poder de sus relaciones; finalmente, tras convertirse en arzobispo de Ravena, Gerberto será elegido papa el 2 de abril de 999, en el umbral de un nuevo milenio; fallece el 12 de mayo del año 1003 a la edad de setenta y tres años.

(Ver Lucien Gérardin, *Le Mystère de nombres, aritméthique et géometrie sacrée*, Dangles, 1985, p. 144; ver también Menninger, *op. cit.*, p. 322.)

En Reims, Bobbio o Ravena, su enseñanza ejerce una influencia decisiva en las escuelas de su tiempo, y suscita una renovación de las matemáticas en Occidente.

Es por lo tanto, un factor esencial, este Gerberto de Aurillac, quien se encuentra en el origen de la primera introducción de las cifras «indoárabes» en el Occidente cristiano.

Cabe preguntarse, entonces, el porqué de la ausencia del cero y de la plena utilización de la numeración india en las matemáticas de su tiempo. ¿Fue una decisión deliberada de Gerberto o el resultado de una presión de la época, demasiado anclada en los métodos de cálculo clásicos heredados de los romanos?

De acuerdo con los historiadores, la época no se encontraba preparada para aceptar cambios tan revolucionarios. Gerberto, a pesar de su voluntad de aportar sangre nueva a las matemáticas y, en particular, a la aritmética, chocó contra la inercia y la resistencia de una sociedad reaccionaria, la de los calculadores profesionales, que temían perder sus privilegios con motivo de la simplificación y la democratización de las operaciones matemáticas.

El ábaco

Gerberto de Aurillac comprendió que su revolución debía realizarse gradual y sutilmente. No podía imponer, sino sólo proponer una nueva dirección de pensamiento y la utilización de nuevos instrumentos de cálculo. Inventó un nuevo modelo de ábaco, para el que utilizó las nueve cifras indoárabes inscritas sobre fichas de madera o cuerno, llamadas «ápices», simplificando así el sistema de los ábacos romanos clásicos.

Puede resultar interesante arrojar un poco de luz sobre esta palabra «ábaco», que se encuentra en el centro de esta historia de las cifras y las matemáticas. Originariamente, el ábaco era una tablilla recubierta de arena o un polvo fino. Las cifras se trazaban sobre él con un estilete y se borraban con los dedos, cuando era necesario continuar con los cálculos. Esta tabla pequeña fue, luego, reemplazada por una bandeja, sobre la cual se colocaban las fichas, ordenadas de acuerdo con unas líneas que servían para marcar los números y realizar así los cómputos. Este ábaco se empleó hasta principios del siglo XVII, y su uso perduró en algunas regiones, hasta un periodo muy avanzado.

Existe un tercer tipo de ábaco en el que las líneas están grabadas, lo que permite hacer rodar por ellas discos o abalorios.

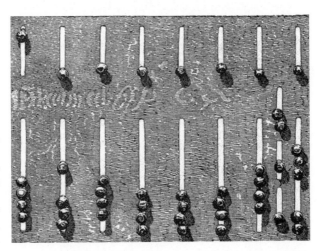

Ábaco antiguo en bronce, actualmente en el British Museum. Retomado por Smith, *op. cit.*, II, p. 167.

En lo que respecta a su etimología, el origen de la palabra es muy controvertido y se han propuesto varias hipótesis. En latín, el término *abacus* deriva del griego *abax*, a su vez, probablemente derivado del hebreo *avaq*, que significa «polvo» (ver, por ejemplo, Génesis, capítulo 32, el episodio del combate de Jacob con el ángel). Smith (*op. cit.*, p. 156) refiere otras etimologías. *Abacus* vendría del griego *abasis* (a + basis), con el significado de «sin base», palabra que designaría una bandeja sin pies. Otra posibilidad sería la de derivar la palabra de *a, b, ax*, es decir «lo que indica el valor de 1 y de 2», etc. En ese caso, el vocablo sería a las cifras lo que la palabra «alfabeto» a las letras.

Los «ápices»: el «caballo de Troya» de las cifras modernas

A principios de la Edad Media, los calculadores europeos, herederos de la técnica romana, realizaban sus operaciones mediante un sistema muy complejo de fichas. Éstas eran dispuestas sobre tablillas con divisiones en forma de líneas y columnas que fragmentaban los distintos órdenes decimales. En el modelo clásico del *abacus* romano, se colocaban tantas fichas o bolitas con el valor de una unidad simple *(calculi)* como unidades había en cada uno de los órdenes examinados. Por ejemplo, si se quería indicar el número 4, se colocaban cuatro fichas en la columna de las unidades; si, en cambio, se quería anotar el número 30, se ponían tres fichas sobre la columna de las decenas, etc.

Ábaco de fichas, tomado del libro de Köbel, *Rechenbiechlin*, Ausburgo, 1514. Retomado por Smith, en *op. cit*, p. 182.

Gerberto de Aurillac tuvo la idea revolucionaria de simplificar el sistema engorroso del ábaco clásico, reduciendo el número de fichas utilizadas.

Suprimió entonces las fichas con el valor de una unidad simple y las reemplazó por una única ficha de madera o cuerno, sobre la que figuraba escrita una de las nueve cifras indoárabes que él había aprendido en su viaje por la península Ibérica, y que se colocaba en la columna correspondiente. Este ábaco funcionaba, por lo tanto, de acuerdo con la numeración india de posición, pero sin una ficha que sirviera para indicar el cero, que, como en la primera numeración india, se apuntaba simplemente mediante una columna vacía.

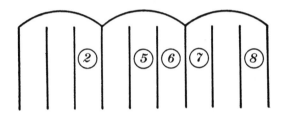

Representación del número 2.056.708 sobre un ábaco de Gerberto. Este ábaco se reconoce fácilmente por los arcos superiorers sobre cada una de las columnas.

A estas fichas se dio el nombre de *apex* (en plural *apices*). Cada cifra recibió un nombre particular, cuyo origen parece deberse a una mezcla de latín, árabe y griego.

(Resonancias árabes: *arbas* para «cuatro» y *temenias* para «ocho»; resonancias latinas: *quimas* para «cinco»; resonancias griegas: *andras* para «dos»). Ver Menninger, *op. cit.*, p. 325. Este autor presenta la existencia de un cero denominado *sipos*, derivado del griego *pséphos* que significa «piedrecilla, guijarro». Los otros autores, en general, no indican el cero entre los ápices. Sobre esta cuestión, ver Smith, *op. cit.*, tomo I, p. 75.)

$$igin = 1$$
$$andras = 2$$
$$ormis = 3$$
$$arbas = 4$$
$$quimas = 5$$
$$caltis = 6$$
$$zenis = 7$$
$$temenias = 8$$
$$celentis = 9$$

El sistema introducido por este ábaco completamente revolucionario permitió a Gerberto y a sus discípulos difundir las nueve cifras «indoárabes» y la nueva numeración de posición. El ábaco de Gerberto fue un verdadero «caballo de Troya» numérico que permitió superar la resistencia de los calculadores y sus antiguas prácticas de cómputo.

Nota: durante mucho tiempo, las formas de las cifras encontradas sobre los ápices recibieron el nombre de «ápices de Boecio», dado que solía atribuirse su paternidad a Anicius Mantius Severinus Boetius (Boecio), matemático latino del siglo v de nuestra era.

Algunos también pretendían que era una invención de los pitagóricos, ligada a la utilización del ábaco de columnas entre los griegos de la Antigüedad.

1	2	3	4
Igin	*Andras*	*Ormis*	*Arbas*

La influencia de los estilos de escritura

Estas cifras escritas sobre los ápices, herederas de las cifras indoárabes *ghubar*, adquirieron diversas formas, de acuerdo con el estilo de escritura alfabético de cada región. Al seguir de cerca las costumbres caligráficas y los cánones estéticos, terminaron por convertirse en una rica serie de signos con diversos grafismos llenos de originalidad. En este sentido, se produjo exactamente el mismo fenómeno que en el mundo árabe, cuyos escribas y copistas habían adaptado las mismas cifras a sus estilos de escritura, tal como hemos mostrado en el capítulo sobre las escrituras cúfica, *nashkî* y *maghribi*.

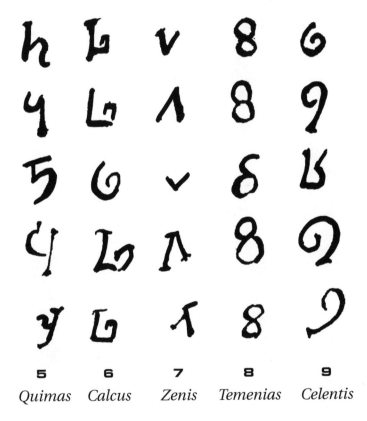

5	6	7	8	9
Quimas	*Calcus*	*Zenis*	*Temenias*	*Celentis*

Los ápices. Notaciones según diversos manuscritos. En el dibujo de los ápices puede reconocerse una mezcla de cifras indias y árabes. Todas las formas ya se encuentran en estos dos tipos, pero no en la misma serie. Tomado de *Les Mathématiques*, París, Belin, 1996, p. 11.

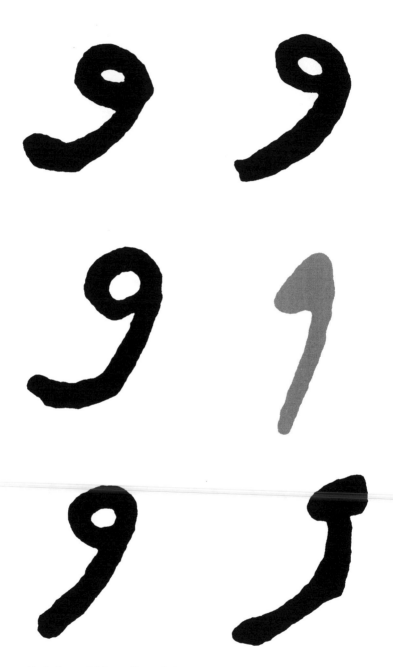

Variaciones del 9 en cifras *ghubar*. Tomado de Smith, *op. cit.*, p. 74.

3.2. LA IMPORTANCIA DE LAS CRUZADAS

Bendito sea el mismo sol de otras regiones
que me vuelve hermano de todos los hombres,
porque todos los hombres, en algún momento del día,
lo miran como yo,
y en ese momento puro, pleno de serenidad y ternura,
regresan con aflicción
y un suspiro apenas perceptible
al Hombre primitivo
que veía nacer el sol
y aún no lo adoraba,
porque es natural —más natural
que adorar al oro y a Dios
y al arte y la moral...

FERNANDO PESSOA

Tres etapas

Desde una perspectiva histórica, la introducción de las cifras «indoárabes» en el Occidente europeo puede dividirse en tres etapas sucesivas:

- La primera, que hemos expuesto en los capítulos precedentes, es la revolución parcialmente exitosa de Gerberto y de su «caballo de Troya» numérico, su nuevo modelo de ábaco y la notaciones sobre los ápices.
- La segunda coincide con un acontecimiento fundamental, e incluso fundacional, para la historia de la humanidad: las cruzadas.
- La tercera etapa, que veremos más adelante, es el fenómeno de las traducciones de las obras griegas, árabes e indias al latín, y la obra de Fibonacci.

La tumba de Cristo y el cero

Las cruzadas fueron, después de la España musulmana de los dos últimos siglos del primer milenio, donde se encontraron frente a frente la cultura árabe y la cultura del Occidente cristiano, ocasión para un segundo contacto crucial...

Las cruzadas se convierten en ese fenómeno de encuentro inesperado, más allá de la guerra, que crea una proximidad social e intelectual entre los estudiosos cristianos y árabes, y que permite un intercambio cultural (aunque sin duda forzado), a través del cual las cifras «indoárabes» y la numeración de posición (junto con el cero) se introducen en el Occidente cristiano.

Pareciera también que las cruzadas constituyeron el momento de un giro teológico de un alcance fabuloso, tal como explicaremos a continuación.

Al hablar de la evolución de las cifras en el Occidente cristiano, mencionamos la existencia de una fuerte oposición, que los historiadores (ver Menninger y Smith) atribuyeron a un importante conservadurismo y a la celosa voluntad de preservar los privilegios de una clase social: los calculadores profesionales. También hemos señalado que, según la opinión de algunos historiadores *(ibid.)*, Gerberto sólo había introducido las nueve primeras unidades, pero no el cero.

Es posible agregar que el origen de la oposición a la nueva numeración y sus cifras indoárabes, basadas en el «lugar vacío», era quizá más teológico y filosófico de lo que podría parecer a primera vista.

De manera esquemática, podríamos afirmar que la época era entonces la de una teología cristiana de la plenitud, en la que Dios «llenaba el cielo y la tierra» con su presencia, y la mentalidad occidental, a diferencia de la India, aún no había hecho lugar a los conceptos del «vacío» y la «nada».

¡El cero infundía temor! Había en esta época una imposibilidad real de concebir el vacío. Las mentes, presas aún del *horror vacui* (horror al vacío) de los antiguos no estaban todavía preparadas para aceptar este concepto revolucionario.

Se produciría entonces un fenómeno que pocos investigadores llegaron a percibir o formular con claridad: la significación epistemológica de las cruzadas, con respecto a esta cuestión del vacío y el cero.

Tobias Danzig presenta una magnífica cita, cuya importancia aún no ha sido, según creo, suficientemente valorada por los estudiosos (ver T. Danzig, *Number, The Language of Science*, MacMillan, 1930, octava edición, 1966, pp. 83-84). Este autor refiere una reflexión del matemático Carl Jacobi (1804-1851) quien, en su *Discurso sobre Descartes*, presenta en pocas líneas un rápido análisis del periodo histórico conocido con el nombre de «Renacimiento europeo».

Jacobi escribe (según la cita de Dantzig, *op. cit.*, p. 83-84):

History knew a midnight, which we may estimate at about the year 1000 A.D., when the human race had lost the arts and sciencies even to the memory. The last twilight of paganism was gone, and yet the new day had not begun. Whatever was left of culture in the world was found with the Sarracens, and a Pope eager to learn studied in disguise at their universities, and so became the wonder of the West. **At last Christendom,** tired of praying to the dead bones of the martyrs, flocked to the tomb of the Saviour himself, only to find for a second time that the grave was empty and that Christ had risen from the dead. The mankind too rose from the dead. It returned to the activities and the business of life; there was a feverish revival in the arts and in the crafts. The cities flourished, a new citizenry was founded. Cimabue rediscovered the extinct art of painting; Dante, that of poetry. Then, it was, also, that great courageous spirits like Adelard and Saint Thomas Aquinas dared to introduce into Catholicism the concepts of Aristotelic logic, and thus founded the scholastic philosophy. But when the Church took the sciences under her wing, she demanded that the forms in which they moved be subjected to the same unconditional faith in authority as were her own laws. And so it happened that scholasticism, far from freeing the human spirit, enchained it for many centuries to come, until the very possibility of free scientific research came to be doubted. At last, however, here too daylight broke, and mankind, reassured, determined to take advantage of its gifts and to create a knowledge of nature based on independent thought. The dawn of this day in history is known as the Renaissance or the Revival of Learning.

Damos a continuación una traducción parcial de este texto:

Finalmente, la cristiandad, cansada de rezar a los huesos muertos de los mártires, peregrinó en gran número hasta la tumba del mismísimo Salvador, sólo para constatar por segunda vez que el sepulcro estaba vacío y que Cristo había resucitado de entre los muertos. Entonces la humanidad también resucitó de entre los muertos. Y regresó a las actividades y las ocupaciones de la vida; hubo un renacimiento febril en las artesanías y las artes. Las ciudades florecieron y nació una nueva forma de ciudadanía. Cimabue redescubrió el arte extinto de la pintura; Dante, el de la poesía.

Fue entonces también que grandes espíritus imbuidos de coraje como Abelardo y Santo Tomás de Aquino se atrevieron a introducir dentro del catolicismo los conceptos de la lógica aristotélica, y así fundaron la filosofía escolástica [...].

No obstante, al final, también entonces se hizo la luz, y la humanidad, fortalecida en su confianza, decidió aprovechar los dones de su espíritu y crear un conocimiento de la naturaleza basado en el pensamiento independiente. El amanecer de este nuevo día se conoce en la historia como el Renacimiento o la «Resurección del saber».

En esta cita, subrayamos la fórmula «el sepulcro estaba vacío», articulada, según una notable lógica causal: «Entonces la humanidad también resucitó» de entre los muertos. Es verdad que los textos teológicos habían familiarizado a los creyentes con la idea de una

Colantonio,
*Las tres Marías
frente a la tumba
y Cristo resucitado*
(hacia 1470).

tumba vacía, pero el hecho de hacer la experiencia, de hacer coincidir lo vivido con los textos de la fe, produjo una conmoción existencial y teológica revolucionaria. El «sepulcro vacío» fue, al parecer, el descubrimiento del vacío, la posibilidad de la aceptación, finalmente, de la idea del vacío.

El vacío existía, y ese vacío no atemorizaba porque estaba articulado, mediante la propia experiencia, a la vida resucitada de Cristo.

Las cifras modernas en Occidente antes de adquirir sus formas definitivas que aparecerían entre los siglos XIV y XVI. Tomado de Smith, *op. cit.*, p. 76.

Y si, finalmente, el vacío era posible, concebible, y aceptable, también lo era la idea del cero, y al mismo tiempo la numeración de posición, asociada a él.

Fue a partir de este hecho que las cifras indoárabes fueron aceptadas en Occidente, conjuntamente con el cero y los métodos de cálculo de origen indio. Los nuevos calculadores europeos, que ya no trabajaban con ábacos sino con pluma, trazando con ella las nuevas cifras, comenzaron entonces a adoptar el cero para marcar las unidades faltantes y evitar así cualquier confusión en la representación de las operaciones. En efecto, mientras el ábaco era el soporte para los cálculos, el cero no fue necesario, ya que la columna cumplía con esa función, mediante la ausencia de fichas.

La disputa entre los «abacistas» y los «algoristas»

Tras este periodo, hubo un importante conflicto entre los partidarios del cálculo mediante el empleo del ábaco y quienes habían adoptado la nueva numeración y sus cifras indoárabes.

La disputa entre abacistas y algoristas. Representación de la Aritmética tomado de la *Margarita philosophica* (1503), por Gregor Reisch.

Los calculadores que seguían el primer método eran designados con el nombre de «abacistas», mientras que quienes adoptaron el segundo eran llamados «algoristas» (del nombre de al-Jwarizmi, quien utilizó, desarrolló y transmitió estas cifras indias; ver más arriba en el capítulo dedicado a este matemático).

Esta disputa marcó profundamente a los actores culturales de la época y aparece en numerosas representaciones iconográficas.

Tomado de un tratado de aritmética del siglo XVI. El manusrcito es obra de un discípulo del monje Honoratus, quien enseñó en Venecia. Retomado por Peignot, *op. cit.*, p. 123.

3.3. FIBONACCI Y EL *LIBER ABACI*

*¿Qué es la belleza si no la imagen
en la que podemos percibir el reflejo
de esa alegría extraordinaria que recorre
la naturaleza, cuando una posibilidad de vida,
nueva y fecunda, acaba de ser descubierta?*

FRIEDRICH NIETZSCHE

Hemos mencionado tres etapas en el proceso de introducción de las cifras en el Occidente europeo, tres momentos claves que son, en orden cronológico: la obra de Gerberto, las cruzadas y las traducciones, que abordaremos a continuación. Es sobre este horizonte que evocaremos la figura de Leonardo de Pisa, llamado Fibonacci.

Su obra, a la vez, de traducción, formulación y creación pedagógica, es un hito ineludible en la historia de la transmisión de las cifras indoárabes y de la numeración india de posición.

También debemos a este ilustre matemático pisano el nombre de «cero», cuestión a la que, de igual modo, dedicaremos un párrafo.

La época de las traducciones: la creación de las universidades (siglos XII-XIII)

La tercera etapa en el proceso de introducción de las cifras en el Occidente cristiano fue el encuentro con la cultura árabe, a través de las traducciones.

El principal factor de este renacimiento fue el entusiasmo con el cual los intelectuales de toda Europa reunieron, para traducir al latín, los textos de la Antigüedad griega, algunos vertidos al árabe, y los textos árabes originales.

Gerberto de Aurillac, tal como mencionamos anteriormente, viajó a al-Andalus, y el filósofo Adelardo de Bath se convirtió al Islam por amor al saber. A él debemos la primera traducción, a partir del texto árabe, de los *Elementos* de Euclides. Tradujo también la obra de al-Jwarizmi.

Una clase en la Universidad (miniatura del siglo XIV en pergamino). Las universidades nacieron en la época de la introducción del cero en Occidente: la Sorbona en 1200, Oxford en 1214, Padua en 1222, Nápoles en 1224, Cambridge en 1231...

Fibonacci

En la atmósfera intelectual de este Renacimiento europeo, Leonardo de Pisa, hijo de Bonaccio, se consagró a los estudios matemáticos.

Leonardo, nacido hacia 1170, tenía la misma edad que Santo Domingo y era doce años mayor que San Francisco de Asís. Disponemos de información sobre los inicios de su carrera dentro de las matemáticas, desde los primeros balbuceos hasta la culminación, en 1202, de su primera obra, el *Liber Abaci*.

Era la época de las hazañas de Saladino y Ricardo Corazón de León. Tras los pasos de los cruzados, los mercaderes pisanos, genoveses y venecianos fueron extendiendo su zona de influencia a los puertos del Mediterráneo y el Mar Negro.

(Para la biografía y la obra de Fibonacci, seguimos los datos dados por Ettore Picutti en «Léonard de Pise», en *Les Mathématics*, Belin, 1996, pp. 8 y ss. Ver también Smith, *op. cit.*, tomo I, pp. 214 y ss.)

Un gran viajante de comercio

Leonardo era aún un muchacho, cuando su padre, quien dirigía en nombre de la orden de mercaderes de Pisa la oficina de aduanas de Bugía, en Argelia, lo llamó junto a él y le hizo seguir los mejores cursos sobre los métodos de cálculo indoárabes. Así se inició en las matemáticas. Durante sus frecuentes viajes profesionales que realizaba en nombre de los mercaderes pisanos, conoció matemáticos en Egipto, Siria, Provenza, Grecia y Sicilia. Aceptó, durante las famosas «disputas», desafíos matemáticos, y estudió en profundidad los *Elementos* de Euclides, obra que siempre consideró como un modelo de estilo y de rigor lógico.

Así, concibió, en medio de sus viajes, entre el balanceo de una galera pisana, el *Liber Abaci* (*Libro del ábaco*), primera obra que reunía la totalidad de los conocimientos matemáticos medievales. El objetivo del autor era el de poner todo su conocimiento sobre matemática y álgebra a disposición del mundo latino.

El *Liber Abaci* era un nuevo caballo de Troya numérico, porque, a pesar de su título, renovó por completo las ciencias de la aritmética, independientemente de la escuela de Gerberto. Leonardo de Pisa expuso por primera vez en latín, y, por lo tanto, para los estudiosos occidentales, todas las reglas del cálculo, basado en las nueve cifras «indoárabes», el cero y la numeración de posición.

Un gran pedagogo

Durante tres siglos, hasta Pacioli, tanto los profesores como los alumnos de la escuela toscana aprendieron matemáticas con el *Liber Abaci*; libro que guarda un cuidadoso equilibrio entre la teoría y la práctica: «He demostrado, escribe Fibonacci, rigurosamente casi todo de lo que he tratado».

No era, ni es áun hoy, una obra fácil. Leonardo de Pisa alentaba al lector a ejercitarse continuamente en aplicaciones prácticas de lo temas tratados. Este anhelo de perfección hizo de él un matemático de excepción, un maestro que dejó, en quienes vinieron tras él, un respetuoso recuerdo. Antonio de Mazzinghi comentaba en el siglo XIV: «Oh, Leonardo de Pisa, fuiste un gran científico, tú que iluminaste a Italia sobre las prácticas de aritmética».

La publicación del segundo libro de Fibonacci: la *Practica Geometriae*

«De 1202 a 1220, Leonardo de Pisa no escribió nada más. Estos veinte años pesan en la historia de la cultura y la civilización europeas. Tras la toma de Constantinopla en 1204, los excomulgados de la cuarta cruzada fundaron el Imperio Romano de Oriente, y nuevos manuales, esta vez griegos, llegaron a Europa; otros cruzados, que se pusieron en marcha con la intención de someter a los albigenses, devastaron el sur de Francia y masacraron a sus habitantes, recomendando a Dios las almas de aquellos que no eran herejes. En París, estaba prohibida, bajo pena de excomunión, la lectura de las obras de Aristóteles. El año 1212 marca el fin de la dinastía de los almohades en España; dos años más tarde, la Corona inglesa perdía sus posesiones en Francia y Juan sin Tierra debía conceder la Carta Magna a los nobles. San Francisco de Asís se dirigía en sus versos al sol, la luna y las estrellas que los filósofos habían incluido en el modelo cósmico de Aristóteles. En el horizonte de la historia italiana y europea se perfilaba, entonces, la figura de Federico de Suabia, futuro emperador de Occidente, con su corte de notarios y protonotarios autóctonos y de filósofos de todas las naciones.» *(ibid.)*

La actividad del matemático Leonardo de Pisa se habría limitado, quizá, al *Liber Abaci*, de no haber sido por la intervención de uno de los filósofos de la corte de Federico, el maestro Dominicus, quien lo llamaba su amigo. Y efectivamente se comportó como tal, puesto que lo alentó para que realizara su segunda obra, la *Practica Geometriae* (*Práctica de la Geometría*), y unos años más tarde lo presentó ante el emperador. En 1220, la obra estaba terminada, y comprendía 223 páginas. Aunque su contenido es menos original y variado que el del *Liber Abaci*, representa un *corpus* de un valor didáctico excepcional, incluso para los parámetros de una enseñanza moderna. El autor pretendía realizar un documento perfecto y útil, tanto para los apasionados de las *subtilitates* (sutilezas) como para los practicantes; objetivo éste que fue plenamente alcanzado.

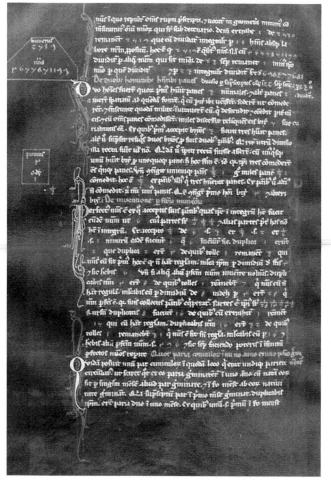

En esta página del *Liber Abaci* comienza el célebre problema de los conejos que lleva a la serie denominada de Fibonacci: 1, 1, 2, 3, 5, 8, 13, 21, 34, 55..., en la que cada término (exceptuando los dos primeros) es la suma de los dos números anteriores.

La *Practica Geometriae* es un homenaje indirecto del matemático pisano a Federico de Suabia, quien, a fines de ese año de 1220, fue coronado emperador del Sacro Imperio Romano Germánico a la edad de veintiséis años. Federico II demostró ser el más culto y más organizado de los emperadores germánicos. La *Practica Geometriae* conoció el mismo éxito que el *Liber Abaci* y se convirtió en un documento fundamental para los profesores de la escuela toscana, de Paolo d'Abbaco al maestro Benedetto y Luca Pacioli.

Mientras la *Practica Geometriae* alcanzaba su madurez, un flagelo se abatía sobre Oriente y el mundo árabe. Según las palabras de Ibn al-Athir: «Los días y las noches jamás habían visto nada semejante desde la creación del Mundo». Gengis-Kan invadía el sultanato de Jorezm (tierra natal de nuestro célebre al-Jwarizmi) y Persia, y, en dos años, destruía para siempre siglos de cultura.

Una última publicación: el *Liber Quadratorum* (*Libro de los cuadrados*)

Fibonacci publicó una tercera y última obra: el *Liber Quadratorum* (1225). Este último tratado muestra que Leonardo conocía las ideas de Diofanto, no por haber leído la obra del gran matemático griego, obra que fue reencontrada en el Renacimiento, sino gracias a su conocimiento de los matemáticos árabes, que habían leído y comentado a Diofanto, e incluso lo habían superado.

Fibonacci y el origen de la palabra «cero»

En su capítulo consagrado al cero, Menninger (*op. cit.*, p. 400 y ss., y también p. 422) expone el recorrido de esta extraña criatura, cuya invención originaria se remonta a los indios.

Como hemos visto, éstos dieron al cero el nombre de *shûnya*, *bindu* o *châkra*, de acuerdo con su forma (ver el capíulo sobre el cero). Cuando los árabes heredaron el cero junto con el resto de las cifras árabes, tradujeron su nombre con el término árabe *sifr*, que significa «vacío». Al llegar al Occidente cristiano, el término *sifr* fue vertido al latín con distintas apelaciones:

cephirum, cifra, tzyphra, sifra, cyfra, zyprha, zephirum, etc.

En inglés, explica Menninger, *cipher* significó durante mucho tiempo el cero. Actualmente, los ingleses utilizan el término *zero*. (En alemán, existe la palabra *ziffer*, que designa tanto una cifra como un número).

Fibonacci utilizó en latín para el cero la palabra *zephirum*, palabra que en italino se convertiría en *zefiro*, y luego, por contracción, en *zero*.

Menninger (*ibid.*, p. 425) refiere un pasaje del *Liber Abaci* en el que Fibonacci habla de las nuevas cifras en los términos siguientes: «Las nueve cifras indias son: 9, 8, 7, 6, 5, 4, 3, 2, 1. Es por lo que con estas nueve cifras, y con este signo 0, que se llama "zephirum" [algunos manuscritos dan "cephirum"] en árabe, se escriben todos los números que se desee». En italiano, *zephirum* se convertiría en *zefiro*, luego en *zefro* y *zevero*, que luego apocopado, en el dialecto de Venecia, daría *zero* (como *libra* se convierte en *livra*, y luego en *lira*). (Ver Dantzig, *op. cit.*, Capítulo II.)

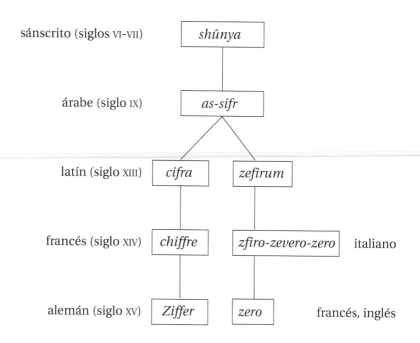

sánscrito (siglos VI-VII)	*shûnya*		
árabe (siglo IX)	*as-sifr*		
latín (siglo XIII)	*cifra*	*zefirum*	
francés (siglo XIV)	*chiffre*	*zfiro-zevero-zero*	italiano
alemán (siglo XV)	*Ziffer*	*zero*	francés, inglés

Tomado de Menninger, *op. cit.*, p. 401.

«El señor de los conejos»

Leonardo de Pisa fue, entonces, el hombre que introdujo el cero en Occidente. Pero si Fibonacci pasó a la posteridad, fue sobre todo gracias a un pequeño problema muy simple que planteó en su *Liber Abaci*. Imaginen que un granjero posee una pareja de conejos recién nacidos. Estos conejitos tardan dos meses en alcanzar la madurez, y luego, engendran cada mes otra pareja de conejos. Como, a su vez, estos conejos crecen y se reproducen, ¿cuántos conejos tendrá por mes este granjero?

Durante el primer mes, el granjero sólo tiene una pareja de conejos, y como éstos aún no alcanzaron la edad necesaria, no podrán reproducirse. El segundo mes, seguirá teniendo sólo un par de conejos. Pero al tercer mes, la primera pareja se reproduce: ahora tiene dos parejas. Al cuarto mes, la primera pareja vuelve a reproducirse, pero la segunda es aún demasiado joven: tres parejas, entonces. Al mes siguiente, se reproduce la primera pareja, y también la segunda, porque ya están en edad de hacerlo, pero no así la tercera. Esto da dos parejas más de conejos, o sea, cinco en total. El número de conejos aumenta del modo siguiente: 1, 1, 2, 3, 5, 8, 13, 21, 34, 55...

El número de conejos que obtendrá el granjero, en un determinado mes, será la suma total de los conejos que tenía en los últimos dos meses precedentes.

La serie de Fibonacci y el número áureo

Los matemáticos comprendieron de inmediato la importancia de esta serie. Tómese cualquier número y divídase por el número anterior de la serie. Por ejemplo: 8 : 5 = 1,6; 13 : 8 = 1,625; 21 : 13 = 1, 61538... Estos resultados no están lejos de un número interesante: el número áureo, que es 1,61803...

Más adelante, volveremos a tratar sobre la importancia de este número áureo. Pero aunque la celebridad de Fibonacci se debe a esta serie, fue el hecho de haber introducido, en su *Liber Abaci*, el cero, las nueve cifras indoárabes y la numeración posicional lo que hizo de él un hombre fundamental en la historia de la humanidad.

Así culmina, entonces, la historia de las cifras. O en realidad, casi, pues queda aún una pequeña etapa: el periodo en el que las cifras se oficializan y, gracias a la imprenta, adquieren su forma definitiva.

3.4. LAS CIFRAS Y LA IMPRENTA

Los esquemas del matemático, como los del pintor o el poeta
deber ser bellos; las ideas, como los colores
o las palabras, deben unirse de manera armoniosa.
La belleza es la primera prueba: no hay
lugar perdurable en el mundo para unas matemáticas feas.

G. H. HARDY

Una vez adoptadas definitivamente las cifras en el Occidente europeo, fue la imprenta, y sobre todo, los impresores con sus creaciones gráficas, quienes impusieron a ellas su estilo. Éstas, a su vez, perdieron su denominación de cifras «arábigas», para terminar convirtiéndose en las cifras modernas.

Después de las cifras *ghubar,*

Las cifras según aparecen en el manuscrito árabe más antiguo que se conoce
(970). Tomado de Smith, *op. cit.*, p. 74.

y, a continuación de los ápices derivados de éstas,

Ápices del siglo XI. Tomado de G. F. Hill, en *Archaelogia*, LXII (1910), retomado
por Smith, *op. cit.*, p. 76.

con Fibonacci hicieron su aparición las formas modernas, como puede apreciarse en el manuscrito de la página siguiente, que presenta, por primera vez, estas cifras, en un texto redactado en inglés, y que data aproximadamente del año 1300.

Primera página del *Libro de los números,* de Egerton (conservado en el British Museum, Londres), uno de los manuscritos ingleses sobre matemáticas más antiguos. Retomado por Smith, *op. cit.*, p. 79.

Para la fecha oficial aproximada de la invención de la imprenta, 1492, las cifras adquieren una forma más o menos definitiva, tal como testimonia el siguiente manuscrito.

SCYTHIE INTRA IMAVM MON TEM SITVS

CYTHIA intra Imaũ montem terminatur ab occafu Sarmaria Afiatí ca fcãm lineã expofitã A feptentrione terra in cognita. Ab oriẽte Ima o monte ad arĉtos vergente fcãm meridia nã ferme lineã q̃ a p̃ dicto oppido vfq̃ ad terrã incognitam extenditur. A meridie ac etiam oriente Satis quidẽ & Sugdianis & Margiana iuxta ipforũ expofitas lineas vf q̃ oftia oxe amnis in byrcanũ mare exeũtif ac etiã parte q̃ hinc eft vfq̃ ad Rha amnis oftia q̃ gradus habet 87 ż48 ż ⅓. Ad oc cafum aũt vergitur in gradibꝫ 8 ɋ ɋ4 ⅟4

Rhymmi ff oftia	91	48	¼
Daicis ff oftia	94	48	¼
Iaxarti ff oftia	97	48	
Iftai ff oftia	100	47	¾
Polytimeti ff oftia	103	44	½
Afpabotis ciuitas	102	44	

Manuscrito de Leonardo Hole, Ulm, 1482. Retomado por Peignot, *op. cit.*, p. 67.

Posteriormente, los impresores dieron a las cifras una forma y una belleza, cuyos variados estilos prueban aún hoy la creatividad y la inteligencia que despiertan en los hombres estas criaturas extrañas y fascinantes que son las cifras.

Cifras «góticas» románticas. Tomado de Peignot, *op. cit.*, p. 88.

Cifras «góticas» románticas. Tomado de Peignot, *op. cit.*, p. 88.

Cifras en tipografía Didot romana. Tomado de *Les Caractères de l'Imprimerie nationale*, *op. cit.*, p. 103.

Cifras en tipografía Didot itálica. Tomado de *Les Caractères de l'Imprimerie nationale*, *op. cit.*, p. 102.

Parti 5349>per 83

Uienne 5349> ——— 83
        0064 4-45/83

5 3 4
4 9 8 | 83
——————
3 6 9
3 3 ~
——————
3 > >
3 3 ~
——————
4 5
0 45/83

Parti 3/8 p 60   Parti 13>1/2 p 12

3/8 —— 60   13>1/2 —— 12
0 3/8 / 0/60   13>1/2 / 1/12
0 3/480   Uienne 11 11/24
uienne 1/160

Parti 60 p 3/8   Parti 3/5 p 2/3
60 —— 3/8   3/5 —— 2/3
480 |13   3 3/5 / 2/3 |12
uienne 160   Uienne 0 14/33

53.497 dividido por 83; primer ejemplo impreso de una división moderna
(en Calandri, *Aritmética*, Florencia, 1491). Retomado por Smith, *op. cit.*, p. 142.

4. Kábala, isopsefia y el nombre de Alá

4.1. NUESTROS ANTEPASADOS LOS...

¡Como si lo «verdadero» y lo «falso»
fuesen los dos únicos modos de existencia intelectual!
MAURICE MERLEAU-PONTY

Paralelamente a la historia de las cifras, cuyo gran periplo trazamos en los capítulos precedentes, existieron y existen aún otras maneras de escribir las números, otras cifras, por ende, que a modo de conclusión querríamos evocar, al menos someramente, en este capítulo final.

Los babilonios, los egipcios, los chinos, los japoneses, los mayas, etc. poseían un sistema de notación numérico rico y original, al igual que una gran cultura matemática.

La gran amplitud y complejidad de estos sistemas de notación y antiguas numeraciones, de entre los cuales algunos mantienen aún hoy su vigencia, no nos permite desarrollar aquí todas sus sutilezas. Por ello, nos limitaremos a presentar algunas generalidades, a mero título de ejemplo, dedicando luego un párrafo más extenso a la kábala, que sigue siendo un tema particularmente apasionante y enigmático para los amantes de las cifras, las letras y los números.

(En aquellos casos en que hubo, dentro de una misma cultura, una evolución en la grafía de la numeración, sólo presentaremos una de esas etapas. Esta capítulo tiene una finalidad más ilustrativa que expositiva.)

Babilonios

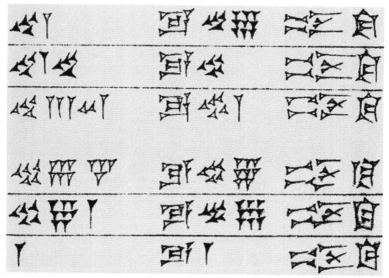

Tablilla proveniente de Larsa. Escritura de tipo cuneiforme en babilonio antiguo. Los signos más cortos y oblicuos en forma de v, representan las decenas, los más largos con un trazo vertical, las unidades. La primera operación indica: 40^2 60 + 1 = 49^2; la segunda: 41 x 60 + 40 = 50^2. Tomado de *Le Matin des mathématiques*, *op. cit.*, p. 11.

Egipcios

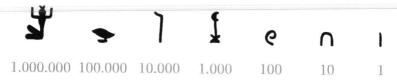

1.000.000	100.000	10.000	1.000	100	10	1

Cifras básicas. Tomado de Peignot, *op. cit.*, p. 13.

El número 27.529 en egipcio antiguo. Tomado de Smith, *op. cit.*, p. 10.

Mayas

1	hun	•		11	buluc	
2	ca	• •		12	lahca	
3	ox	• • •		13	ox lahun	
4	can	• • • •		14	can lahun	
5	ho	▬		15	ho lahun	
6	uac	•		16	uac lahun	
7	uuc	• •		17	uuc lahun	
8	uaxac	• • •		18	uaxac lahun	
9	bolon	• • • •		19	bolon lahun	
10	lahun	▬				

Cifras empleadas en la numeración maya. Tomado de Guitel, *op. cit.*, p. 403.

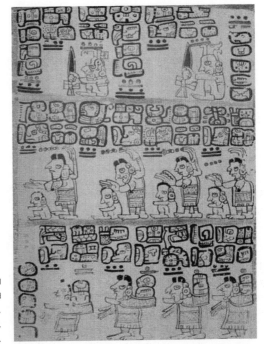

Manuscrito maya con escritura jeroglífica acompañada de números. Tomado de Peignot, *op. cit.*, p. 31.

Chinos

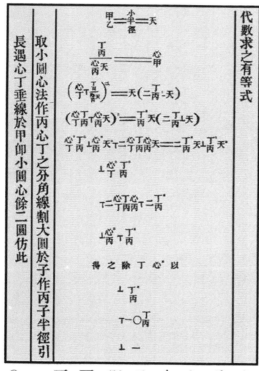

0 1 2 3 4 5 6 7 8 9

Página del *Suanxue Keyi*, recopilación de ejercicios sobre el curso de matemáticas de Li Shanlan, publicado el sexto año del reinado del emperador Guangxu (1880). Las notaciones algebraicas empleadas utilizan, a la vez, símbolos europeos (signo «igual» alargado, barra de fracción, paréntesis, cero) y caracteres chinos. Tomado de *Les Mathématiques*, *op. cit.*, p. 157.

1	2	3	4	5	6	7	8	9
一	二	三	亖	丒	介	十	丿(	力
10	20	30	40	50	60	70	80	90
⏀	⏀	⏀	⏀	丒	介		丿(	力
100	200	300	400	500	600	700	800	900
⏀				丒	介			
1.000	2.000	3.000	4.000	5.000				

Numeración de las monedas más antiguas de China. Tomado de J. Needham, volumen III, retomado por Guitel, *op. cit.*, p. 483.

Japoneses

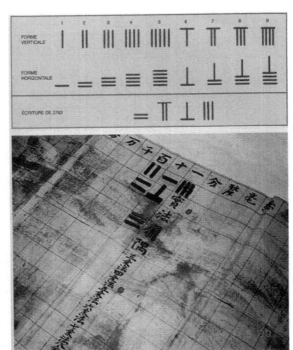

Representación de los números por medio de bastones. Su empleo en China para la realización de cálculos se remontaría, por lo menos, al periodo de los Reinos Combatientes (453-221 a. C.). Los números eran representados de acuerdo con un sistema decimal y posicional, y se utilizaban dos tipos de bastones (rojos y negros) para distinguir los números en función de sus signos. *Tomado de Les Mathématiques, op. cit.*, p. 145.

Retrato de Seki Takakazu (?-1708), figura dominante de la tradición matemática japonesa. Tomado de *Les Mathématiques, op. cit.*, p. 143.

Romanos

I	V	X	L	C	D	M
1	5	10	50	100	500	1000

Inscripción de una piedra miliar proveniente de la vía Popilia en Lucania (hacia 130 a. C.) Texto de la inscripción: «Construí la ruta de Regium a Capua y todos los puentes, las piedras miliares y las postas. De aquí a Novceria hay 51 millas; a Capua, 84; a Muranum, 74; a Consentia, 123; a Valentia, 180; a la estatua que se levanta al borde del mar, 231; en total, de Capua a Regium, 3.321 millas. Y como pretor en Sicilia recluté y entregué 917 hombres de los fugitivos itálicos [....]». Tomado de Menninger, *op. cit.*, p. 244.

4.2. KÁBALA: CIFRAS Y LETRAS

Dios no encarnado, es verdad,
pero de algún modo inscrito,
viviendo su vida —o una parte de su vida—
en las letras: en las líneas
y entre las líneas y en el intercambio de ideas
entre los lectores que las comentan (...)
EMMANUEL LÉVINAS

La palabra «kábala» designa los misterios de la tradición mística judía. La kábala, es la vez filosofía teórica y filosofía práctica cercana a la meditación, es, en principio, un camino de elevación espiritual... Es una tradición transmitida de forma oral de maestro a discípulo, luego transcrita en obras que aún hoy siguen siendo de difícil acceso, de entre las cuales el *Zóhar* es el libro más renombrado.

La palabra «kábala»

La palabra «kábala» proviene del hebreo *qabbalah*, término que deriva del verbo *leqabbel*, derivado a su vez de la raíz *QBL*, que significa «recibir o acoger». De modo que la palabra «kábala» significa «recepción», y equivale a lo que los romanos llamaban *traditio*, la tradición, la trasmisión o enseñanza del conocimiento de los antepasados.

Para respetar la forma hebrea, habría que escribir *qabbalah*. De hecho, encontramos diversas grafías, según los diferentes autores, tales como *qabbala, cabbala, cabbalah, kabbala* y *kábala*, que es una forma más corriente en castellano (como también *cábala*, aunque esta forma se usa también en el sentido genérico de «conjetura» o «maquinación», por lo que en esta obra adoptamos la forma *kábala*, que es una de las más empleadas en toda la literatura occidental).

Al iniciar esta reflexión sobre la kábala con esta aclaración sobre su significado primordial de transmisión, subrayamos el vínculo esencial que existe entre la kábala y las matemáticas. Éstas son, en efecto, en sus fundamentos primeros, a la vez «estudio» y «enseñanza», como práctica y reflexión sobre este fenómeno tan fundamental que es la transmisión. Y no sería errado afirmar que la mejor traducción para la palabra kábala es «matemática», más exacto, en verdad, que, por ejemplo, «mística», puesto que etimológicamente la palabra «matemática» proviene de un verbo griego que significa «aprender», y designa propiamente aquello que se aprende por antonomasia, algo que describe maravillosamente bien el término latino *traditio*, del verbo tra-do, «dar o pasar a otro», «transmitir», «enseñar». De hecho, ambas palabras, «tradición» y «kábala», expresan el mismo fenómeno, sólo que visto desde el ángulo opuesto. En un caso, el énfasis está puesto en el maestro y en *aquello que se transmite*, que *se entrega y se pasa* de generación en generación, en el otro, en el discípulo y, por consiguiente, en *aquello que se recibe* de los mayores. Pero tanto en un caso como en el otro, se trata siempre de *mathemata*, es decir de aquellos conocimientos propios para ser transmitidos o aprendidos, concepto que los griegos referían, de manera específica, a las matemáticas, es decir, a la aritmética, la geometría y la astronomía.

La kábala: cifras y letras

Según la kábala, el mundo fue creado por medio de las letras del alfabeto. Las letras están en el centro de toda relación con el mundo. Así, vivir, es saber leer, descifrar e interpretar los textos. Las letras poseen un poder y cumplen un rol en los procesos de liberación del alma y de curación del cuerpo. De modo que existen relaciones entre el psicoanálisis y la kábala, y entre la kábala y la terapia en general.

El alfabeto hebreo posee 22 consonantes y un sistema de vocalización formado por 10 signos vocálicos. Sólo las consonantes se escriben obligatoriamente, siendo facultativa la adición de las vocales que sirven para facilitar la lectura. El texto de la Torá está escrito a mano con tinta, sobre pergamino, y se puntúa con los signos vocálicos, salvo en las ediciones impresas.

Esta ausencia de vocales brinda una gran ductilidad para la interpretación y la combinación de las letras entre sí, e infunde una gran agilidad al lenguaje, clave ineludible de la dinámica de lo viviente. (Ver nuestra obra *Mystères de la Kabbale*, Assouline, 2000.)

alef	א	1
bet o *vet*	ב	2
guimel	ג	3
dalet	ד	4
he	ה	5
vav	ו	6
zayin	ז	7
jet	ח	8
tet	ט	9
yod	י	10
kaf o *jaf*	כ	20
lamed	ל	30
mem	מ	40
nun	נ	50
samej	ס	60
ayin	ע	70
pe o *fe*	פ	80
tsade	צ	90
qof	ק	100
resh	ר	200
shin	ש	300
tav	ת	400
kaf final	ך	500
mem final	ם	600
nun final	ן	700
pe final	ף	800
tsade final	ץ	900

Tabla de correspondencia numérica del alfabeto hebreo.

Pero las letras hebreas también son cifras; por lo tanto, todo texto es, estrictamente hablando, un documento cifrado. La kábala se transforma de este modo en un «arte de hacer hablar a las cifras».

Esta relación entre las cifras y las letras se denomina *guematria*.[5]

Una numeración literal o alfabética

La ciencia matemática de la civilización bíblica es prácticamente idéntica a la de sus vecinos egipcios y babilonios de aquella época, de quienes recibieron y con quienes compartieron distintas influencias. Encontramos, por ejemplo, un mismo saber geométrico, lo que está atestiguado por el conocimiento de π que según el texto bíblico tenía el valor de 3.

La numeración hebrea, a pesar de conocer y utilizar la base 10 y la base 60, difiere de la egipcia y la babilonia; se asemeja más a la adoptada por los griegos, es decir, a una numeración literal. En otras palabras, son las letras del alfabeto las que sirven para anotar los números, o sea que las letras también son «cifras».

La numeración alfabética hebrea es de base decimal. Consiste en el empleo de las 22 letras del alfabeto hebreo, más las formas finales de cinco de sus letras, y se agrupan en este orden:

- Las nueve primeras equivalen a las nueve unidades simples, de 1 a 9.
- Las nueve siguientes a las nueve decenas, de 10 a 90.
- Las cuatro últimas a los números 100, 200, 300, 400.
- Las cinco formas finales a los números, 500, 600, 700, 800, 900.

---

5. Otras transcripciones alternativas de este término en castellano son *guematría* y *gematría*. La elegida en la traducción es la que mejor corresponde a la fonética del término en hebreo. De todos modos, según las dos etimologías más aceptadas, esta palabra tendría un origen griego. Algunos sostienen que se trata de una metátesis de la palabra *grammateía* (erudición, conocimiento de los escrito), otros de la palabra *geometría*. Pero sea su origen el que sea, es evidente que no se trata de una palabra de origen hebreo. Lo lógico es suponer que forma parte del patrimonio léxico griego que se incorporó al hebreo o, mejor dicho, al arameo, y que con el tiempo fue acogido en el Talmud. Todo lo antedicho se refiere exclusivamente al origen de la palabra, no al de la técnica interpretativa en sí. *(N. del T.)*

Filosofía de la guematria

La guematria no es un juego de cifras y letras, sino un método de apertura, de interpretación y dinamización del pensamiento.

Es una herramienta para interpretar y abrir el sentido de los textos, una manera de abrirse a otra cosa: pretexto, trampolín, pasaje; no basta con plantear ecuaciones y poner en evidencia equivalencias. El sentido no está ni en la palabra de origen ni en la palabra a la que se llega, sino en el movimiento dinámico entre las dos.

Es un punto de partida para el pensamiento; no es el pensamiento en sí. Es importante resaltar que el lector debe prestar menos atención a la dimensión numérica que a las palabras que las equivalencias entre los números ponen en relación, y cuya conexión es siempre de un gran alcance filosófico. Es a partir de esta relación que surge el sentido.

Ejemplo: la palabra *Adam* (Adán), «el hombre» se escribe ADM (*alef, dalet, mem*) y posee una guematria de $1 + 4 + 40 = 45$. El número 45 se escribe mediante las letras *mem* y *he*, se lee *mah*, y significa «¿qué?». Los filósofos y los kabalistas desarrollan, a partir de este juego entre el valor de las letras y las cifras, toda una reflexión sobre este ser, el hombre-interrogación, cuyo nombre encierra una incógnita sobre su propia condición. La esencia del hombre sería, entonces, la de carecer de esencia propia, de estar programado para ser desprogramado, y abrirse así al libre albedrío y la libertad. (Ver nuestra obra, *C'est pour cela que l'on aime les libellules*, Point Seuil, 2000.)

El pasaje de una «palabra-en-letras» a un «número-en-cifras», que luego vuelve a transformarse en una palabra formada por letras, y así sucesivamente, nos introduce en un conocimiento que pierde su carácter estático y totalizador para convertirse en un proceso de apertura y dinamismo. La guematria no es una traducción, sino sólo una proposición, una invitación a adentrarse en un camino misterioso. Permite ir «más allá del versículo», para citar la hermosa expresión de Emmanuel Lévinas.

Nota: existe una guematria menor que utiliza los mismos valores numéricos que la guematria clásica, pero que sólo da cuenta de las unidades. Así, 10 y 100 se convierten en 1; 20 y 200 en 2; 30 y 300, en 3, etc. En el ejemplo de Adam (ADM), esta guematria da $1 + 4 + 4 = 9$. En última instancia, el resultado es el mismo, ya que $1 + 4 + 40 = 45$ equivale a $4 + 5 = 9$.

Paralelo cero

En la guematria, las equivalencias numéricas provocan, mediante el pasaje de la palabra al número, un golpe de «designificación» (una suerte de abandono de la significación), por el cual el lector escapa a la pesadez de un sentido ya determinado, que corre el riesgo de quedar fosilizado en una palabra simplemente «hablada», en vez de una palabra «hablante», o sea de quedar pegado a un *significado* estático, en vez de dejarse llevar por un *significante* dinámico.

En este golpe o sacudida de «designificación», el lector no descubre de inmediato un nuevo sentido, sino que encuentra, en el centro de una suspensión del sentido, en un grado cero del sentido, una forma de silencio esencial de la mente que abre el camino a una clase privilegiada para la meditación, a un «grado cero de significación», un momento presemántico o possemántico, a través del cual podrá y deberá extraviarse fuera del sentido.

Se alcanza, entonces, el «paralelo cero», de acuerdo con la bella expresión de Maurice Blanchot. «Línea imaginaria, punto geográfico inexistente, pero que precisamente por su inexistencia representa ese grado cero hacia el cual pareciera tender el hombre, por la necesidad de alcanzar un lugar ideal donde, libre de sí, de sus prejuicios, de sus mitos y de sus dioses, podrá volver a sí mismo con una mirada transfigurada y una afirmación nueva.»

El caldero de cobre del templo de Salomón. Sus dimensiones dan para π un valor de aproximadamente 3. La inscripción en hebreo está sacada del Primer Libro de Reyes, capítulo VII, versículo 23.

4.3. LA ISOPSEFIA

Por 32 vías maravillosas de sabiduría,
Dios trazó y creó el mundo
mediante los tres sentidos de la raíz SFR:
el libro escrito, el número y el relato.
32 vías maravillosas de sabiduría:
Los diez sefitot y las 22 letras del alfabeto...
32 vías maravillosas, las 22 letras
del alfabeto y las diez vocales.

SÉFER YETSIRÁ

Los griegos conocían y utilizaban un procedimeinto idéntico a la guematria. Este procedimiento se denomina «isopsefia». De *ipso*, «mismo», y *pséfos*, «cuenta».

El procedimiento de la isopsefia consiste en utilizar, al igual que en la guematria hebrea, el valor numérico de las letras constitutivas de una palabra o de un grupo de letras para obtener, mediante transposiciones, otra palabra con un valor numérico idéntico. (Sobre esta cuestión, ver G. Guitel, *Histoire comparée des numérations écrites*, Flammarion, 1975, pp. 329 y ss.)

A	1	H	7	N	13	T	19
B	2	Θ	8	Ξ	14	Υ	20
Γ	3	I	9	O	15	Φ	21
Δ	4	K	10	Π	16	X	22
E	5	Λ	11	P	17	Ψ	23
Z	6	M	12	Σ	18	Ω	24

Numeración griega antigua. Tomado de Guitel, *op. cit.*, p. 241.

1	α	alfa
2	β	beta
3	γ	gamma
4	δ	delta
5	ε	épsilon
6	ϛ	digamma
7	ζ	dseta
8	η	eta
9	θ	zeta
10	ι	iota
20	κ	cappa
30	λ	lambda
40	μ	my
50	ν	ny
60	ξ	xi
70	ο	omicrón
80	π	pi
900	ϡ	[sade]
90	ϟ	[koppa]
100	ρ	rho
200	σ	sigma
300	τ	tau
400	υ	ypsilón
500	φ	fi
600	χ	ji
700	ψ	psi
800	ω	omega

Alfabeto griego clásico. Tomado de Guitel, *op. cit.*, p. 243.

1	ا	ʾ	ʾalif
2	ب	b	ba
3	ج	ǧ	gim
4	د	d	dal
5	ه	h	ha
6	و	w	waw
7	ز	z	za
8	ح	ḥ	ha
9	ط	ṭ	taʾ
10	ي	y	yaʾ
20	ك	k	kaf
30	ل	l	lam
40	م	m	mim
50	ن	n	nun
60	س	s	sin
70	ع	ʿ	ʿayn
80	ف	f	faʾ
90	ص	ṣ	sad
100	ق	q	qaf
200	ر	r	raʾ
300	ش	š	sin
400	ت	t	taʾ
500	ث	ṯ	taʾ
600	خ	ḫ	haʾ
700	ذ	ḏ	dal
800	ض	ḍ	dad
900	ظ	ẓ	zaʾ
1.000	غ	ġ	gayn

Alfabeto árabe. Tomado de Guitel, *op. cit.*, p. 277.

Nombre de Alá (con el valor numérico de 66).

Libro segundo: Números

LA GRAN FAMILIA

1. Locos por los números y números locos

1.1. RECUERDOS DE UN MATEMÁTICO

No te demores en la huella de los resultados.

RENÉ CHAR

«No tenía aún cinco años cuando, mirando las tablas de los múltiplos de los enteros, que aparecían en las tapas de mis cuadernos de escuela, percibí que la población de los números presentaba una cierta regularidad. La revelación comenzó con ocasión del 5. Todos sus múltiplos terminaban alternativamente en 5 o en 0. El caso del 2 era un poco menos simple: todos sus múltiplos terminaban en números pares [...]

»Más tarde, en el colegio de Melun, el encuentro con los puntos de intersección de las alturas, las medias, las bisectrices y las mediatrices del triángulo me enseñó la extensión de las matemáticas desde la aritmética a la geometría. Durante meses y años, me limité exclusivamente a los números enteros, sometiéndolos a miles de tácticas. Probaba, por ejemplo, elevar cada número a una potencia, cuyo exponente fuese igual a sí mismo, y así sucesivamente.

»A los enteros de mi infancia se agregaron otros números, los números primos, y aquellos, por ejemplo, que era común encontrar en los juegos matemáticos.

»Los números racionales, que en aquel entonces llamaba fraccionarios, se añadieron a los enteros, pero casi no me interesaban.

»Más seductores me resultaban los números irracionales, como $\sqrt{2}$ o π. Pero en el liceo no me habían enseñado la distinción entre los números algebraicos y los números trascendentes.

$$\sum_{i=0}^{\infty} \frac{1}{16^i (8i + k)} = \sqrt{2}^k \sum_{i=0}^{\infty} \left[\frac{x^{k+8i}}{8i + k} \right]_0^{1/\sqrt{2}}$$

$$= \sqrt{2}^k \sum_{i=0}^{\infty} \int_0^{1/\sqrt{2}} x^{k-1+8i}\, dx$$

$$= \sqrt{2}^k \int_0^{1/\sqrt{2}} \frac{x^{k-1}}{1-x^8}\, dx$$

Inicio de la demostración de la fórmula de Simon Plouffe respecto de los decimales de π.

»Empecé a escribir en una libreta todos los números que encontraba y que me resultaban dignos de interés. Esta lista se enriqueció y se refinó después de la universidad. Muy pronto terminó conteniendo más de un centenar de elementos. Antes de la II Guerra Mundial, mi colección había adquirido la forma de un fichero donde una misma ficha presentaba, para cada número, varias propiedades diferentes.

»No tardé en darme cuenta de que la gran mayoría de mis números interesantes estaban compuestos por números enteros que podían ser ordenados. A éstos podían agregarse, en el orden correcto, varios "reales" no enteros, casi exclusivamente algebraicos o trascendentes.

»Cuando, en abril de 1944, fui enviado a la prisión de Fresnes y luego al campo de deportación de Dora, tuve que separarme de mi fichero. Pero mi memoria estaba intacta y mis queridos números me visitaban todos los días, en compañía de otros consuelos, como la música, la poesía, la historia y las ciencias.

»A mi regreso, en mayo de 1945, mi fichero había desaparecido. Reconstruí otro, modificando mi terminología, y bauticé a las especímenes de mi herbario *números extraordinarios*. Esto me llevó a redefinir mis criterios subjetivos de lo "extraordinario". Concedí este carácter a los números que habían tenido un papel importante en la historia del pensamiento matemático.»

Estos recuerdos del matemático francés François Le Lionnais nos brindan esta hermosa expresión de «números extraordinarios» que nosotros retomaremos en nuestro herbario personal. Y al igual que el gran matemático, concederemos este carácter de «extraordinario» a ciertos números, naturalmente no a todos, que cumplieron un rol significativo en la historia del pensamiento matemático, pero, por sobre todo, a aquellos que más contaron y aún cuentan en nuestro propio encuentro con el universo matemático, filosófico y kabalista.

Presentaremos también algunos detalles sobre los números clásicos, de los que en ocasiones, debido a su uso muy frecuente, hemos olvidamos el sentido exacto de sus definiciones.

Dado que Pitágoras fue uno de los grandes pioneros de la teoría de números, le dedicaremos un capítulo aparte, en el que viajaremos entre su biografía y su pasión por este mundo, donde «todo es número».

Canon de Johann Sebastian Bach (1685-1750), quien con frecuencia componía en función de las relaciones particulares que los números mantienen entre sí.

1.2. LOS NÚMEROS Y LA TEORÍA DE NÚMEROS

Encontramos piedras y árboles,
Pero ¿tres piedras y dos árboles? Jamás.
Para verlos, es necesario realizar alguna operación.

JEAN-TOUSSAINT DESANTI

La etimología de la palabra «número»

La palabra «número» viene de latín *numerus*. En griego, «número» se dice *arithmos*, vocablo que dio la palabra *arithmêtikê*, en latín *arithmetica* y en castellano aritmética, es decir la ciencia de los números. *Arithmos* remite también a la «medida», al «ritmo», a la «cantidad», a la «multitud». En esta palabra, la *a* inicial no corresponde a la «a» del prefijo privativo. Si bien el término se asemeja fonéticamente a «ritmo», se trata de dos raíces diferentes, aunque con el tiempo se hayan tendido puentes entre estos dos términos, en particular a través de la «rima» y las metros «rítmicos» de la poesía y la música.

La dificultad de definir un número

Definir qué es un número es tarea difícil. Esta dificultad es muy antigua, forma parte del destino de todos los matemáticos, y hasta el presente nadie pudo decir exactamente cuál es la naturaleza del número.

Se han propuesto distintas concepciones del «número»: desde un punto de vista religioso, mágico, físico, metafísico, lógico, formalista, y desde la perspectiva de la teoría de los conjuntos.

Al principio, los números aparecían de manera muy concreta para contar grupos de objetos, de animales y personas. En los inicios de la humanidad, el número tuvo primero el estatuto de «número-de». Sólo después, al desarrollarse con el tiempo la capacidad de abstracción, el «número-de» fue adquiriendo el carácter de «número».

La teoría de números

Tanto como podamos remontarnos en el tiempo, encontramos dos clases de aritméticas. La primera es práctica y utilitaria, y se confunde con el arte de calcular, de hacer cuentas: administrar los bienes de las personas y las sociedades, prever la subsistencia, permitir los intercambios, evaluar el trabajo, etc., de donde proviene la creación de sistemas de pesos y medidas, de tasación de las mercancías, de cosificación de los intercambios. Se trata de una aritmética cuantitativa, la del comercio y de la gestión de la riqueza.

La otra aritmética ya no concierne a las cosas, a los objetos que conforman los patrimonios. Ya no se trata de una aritmética de gestión, sino de una actividad del espíritu, una actividad intelectual, especulativa, impreganada, en sus inicios, de un espíritu religioso, luego y en la actualidad, de un espíritu puramente abstracto. Algunos de sus problemas nacieron de la música y de la astronomía, pero la mayoría de ellos surgió del puro placer de investigar las relaciones entre los números. No se trata sólo de una herramienta, de una técnica de los números, sino de un verdadero juego, de una verdadera ciencia de los números, lo que hoy en día se denomina «teoría de números».

Nota: para distinguir entre la técnica de los números y la ciencia o teoría de números, los griegos las designaban con dos términos

Georg Cantor y su esposa hacia 1800. Cantor (1845-1918) es, a la vez, el padre de la teoría de los conjuntos y el creador de los números transfinitos.

diferentes: *logística* para la primera y *aritmética* para la segunda (distinción que es atribuida a Platón, en el siglo IV a. C.)

Los babilonios disponían, para cada una de estas aritméticas, de dos sistemas de numeración diferentes, de base 10 para la primera y de base 60 para la segunda. Podrían esquematizarse brevemente los «temas de los problemas», surgidos del estudio elemental de la teoría de números, dividiéndolos en dos categorías:

- Los que consideran cada número individualmente, examinan su forma y sus propiedades y llegan así a una suerte de clasificación.
- Los que buscan establecer relaciones entre dos, tres o más números.

La teoría de números tiene la particularidad de haber constituido, durante casi veinte siglos, una reserva de temas apasionantes para los matemáticos, ya que la característica principal de muchas cuestiones reside en el hecho de que a la gran simplicidad de un determinado enunciado corresponde un problema extremadamente difícil de resolver.

Tablilla económica sumeria: cuenta de cabras y ovejas. Arcilla cocida; largo: 7,8 cm; ancho: 7,8 cm; espesor: 2,4 cm. Tello (Mesopotamia), época de las dinastías arcaicas, año 5 de Urukagina, rey de Lagash 2351-2342 a. C.

La anécdota del taxi

Una anécdota muy conocida refiere cómo el trato con los números era, para Ramanujan (1887-1920), análogo al trato con las «personas»; los «conocía» individualmente, con sus cualidades y sus defectos. Refiere el matemático Hardy: «Recuedo que fui a verlo una vez, cuando residía en Putney. Había tomado un taxi que tenía el número 1.729 y noté que este número me parecía algo duro y esperaba que no fuese un signo desfavorable».

Retrato de Srinivasa Ramanujan, nacido en 1887 en la India: logró construir prácticamente solo el edificio de la teoría de números, además de plantear fórmulas y teoremas originales.

«No —me respondió—, es un número muy interesante: es el número más pequeño que puede descomponerse de dos maneras distintas en una suma de dos cubos». Le pregunté si conocía la respuesta al problema para las potencias cuartas. Tras un momento de reflexión, me respondió que no podía encontrar ningún ejemplo y que pensaba que el primer número de esta categoría debía ser muy grande.

1.729 es, en efecto, el menor de los números enteros
igual a una suma de dos cubos,
y he aquí las dos maneras:

$$1.729 = 12^3 + 1^3$$
$$= 10^3 + 9^3$$

En cuanto al número más pequeño descomponible de dos maneras distintas en una suma de dos cuartas potencias, fue Euler quien lo halló:

$$635.318.657$$
$$= 158^4 + 59^4$$
$$= 133^4 + 134^4$$

1.3. PITÁGORAS Y LA ARMONÍA DE LOS NÚMEROS

*La nueva pretensión del saber
es la pretensión matemática.
Es de Kant de quien proviene la frase
frecuentemente citada pero poco comprendida aún:
«Afirmo que en cada teoría particular de la naturaleza
no puede hallarse ciencia propiamente dicha
sino en la medida en que en ella haya matemática».*

MARTIN HEIDEGGER

Comprender los secretos del universo

Dar al conocimiento de la naturaleza un fundamento numérico, tal era el proyecto de los pitagóricos. Pitágoras y los pitagóricos investigaron el orden y la armonía que unen todas las cosas. Y para hacerlo, debieron estudiar los números en sí mismos. De este modo, sentaron las bases de la aritmética, la ciencia de los números, que a ellos les importó especialmente distinguir de la logística, el arte del cálculo puro. Mediante esta separación, elevaron la aritmética por encima de las necesidades del comercio.

De modo que debemos a Pitágoras y a sus discípulos los fundamentos de la teoría de números, los primeros intentos de clasificación y de relación entre las criaturas matemáticas.

Pitágoras, los pitagóricos y la armonía

Aunque Pitágoras vivió en el siglo VI a. C., la escuela pitagórica tuvo su época de florecimiento en el siglo V a. C., siendo sus discípulos más destacados: Filolao de Crotona, Hipaso de Metaponte, Hipócrates de Quío, Demócrito el atomista, los eleatas (de Elea, ciudad del sur de Italia) Parménides y el sofista Hipias de Elis, un geómetra.

Pitágoras el viajero

Pitágoras de Samos fue discípulo de Tales durante algunos años. Adquirió sus conocimientos matemáticos durante sus viajes. Hay

Grabado que
representa a
Pitágoras.

quienes sugieren que habría llegado hasta la India y Bretaña, pero lo más probable es que hubiese aprendido gran parte de sus técnicas y de sus herramientas matemáticas entre los egipcios y los babilonios.

Éstos habían superado los límites de la aritmética elemental y estaban en condiciones de efectuar operaciones complejas que les habían permitido elaborar avanzados sistemas de contabilidad y de erigir construcciones arquitectónicas de alto nivel.

Es verdad que estos pueblos consideraban las matemáticas como un simple instrumento para resolver problemas prácticos; así, por ejemplo, el objetivo de los egipcios, al investigar ciertas reglas elementales de geometría, era establecer los límites de los campos cubiertos por la crecida anual del Nilo.

El primer discípulo

Al cabo de veinte años de viajes, Pitágoras había asimilado todas las reglas matemáticas del mundo conocido. Partió entonces hacia su isla natal de Samos, en el mar Egeo, con la intención de fundar una escuela consagrada a la filosofía y, en particular, a las reglas matemáticas que había descubierto. Esperaba encontrar nuevos adeptos de mente abierta que le ayudasen a desarrollar una filosofía radicalmente nueva. Pero en su ausencia, el tirano Polícrates había transformado la isla; antes liberal, se había vuelto intolerante y conservadora. Polícrates invitó a Pitágoras a su corte, pero el filósofo comprendió que se trataba de una maniobra destinada a reducirlo al silencio y, por lo tanto, rechazó el honor de semejante invitación. Abandonó la ciudad para ir a vivir en una caverna alejada, donde podía entregarse a la meditación sin ser molestado.

El aislamiento le pesaba, y Pitágoras terminó por ofrecer dinero a un muchacho para que fuera su alumno. Este alumno también se llamaba Pitágoras. El Pitágoras maestro pagaba a su

Reconstrucción del zigurat de Babilonia llamado *Etemenanki*, «Torre del fundamento del Cielo y la Tierra», modelo de la famosa «Torre de Babel» bíblica.

alumno tres óbolos por clase, y, al cabo de unas semanas, se dio cuenta de que la repugnancia que sentía el muchacho por el saber se había transformado en entusiasmo. Para evaluar el alcance de su éxito, Pitágoras simuló que ya no disponía de los medios como para retribuir al alumno y que, por lo tanto, las clases debían finalizar, ante lo cual el muchacho propuso pagar por su educación antes que interrumpirla. El alumno se había convertido en un discípulo.

Había nacido la escuela pitagórica. Duró casi ciento cincuenta años y contó con cientos de discípulos.

La huida a Italia

Debido a sus enseñanzas sobre las reformas sociales consideradas inadmisibles por los grupos conservadores, Pitágoras se vio obligado a huir, en compañía de su madre y su único discípulo. Puso vela hacia el sur de Italia, que por entonces formaba parte de la Magna Grecia, y se instaló en Crotona. Tuvo la suerte de hallar allí un protector ideal: Milón, el hombre más rico de la ciudad y uno de los más fuertes que haya conocido la historia.

El mecenas Milón y la creación de la Fraternidad Pitagórica

La reputación de Pitágoras como «el sabio de Samos» comenzaba a propagarse por toda Grecia, pero la de Milón era aún mayor. Este personaje hercúleo había sido coronado doce veces en los juegos olímpicos y píticos, un verdadero récord. Pero además de ser atleta, Milón cultivaba y estudiaba la filosofía y las matemáticas. Dispuso su casa de modo tal que pudiera ofrecer a Pitágoras espacio suficiente para instalar allí su escuela. Fue así que se asociaron el espíritu más creativo y el cuerpo más poderoso de la época.

Contando entonces con la seguridad de este nuevo lugar, el sabio de Samos fundó la Fraternidad Pitagórica, un grupo de seiscientos discípulos que no solamente eran capaces de comprender sus enseñanzas, sino también de enriquecerlas con ideas y pruebas nuevas.

La palabra «filosofía»

Al poco tiempo de haber fundado la Fraternidad, Pitágoras inventó la palabra «filosofía» y de ese modo determinó los objetivos de su escuela. La filosofía busca descubrir las secretos de la naturaleza.

En la actualidad, la palabra «filosofía» posee dos sentidos diferentes. La palabra griega es un término compuesto, formado por el prefijo *philo-*, que procede del verbo *philein*, «amar», y la palabra *sophia*, que significa «sabiduría». Por lo general, la palabra «filosofía» suele traducirse por la expresión «amor por la sabiduría», pero siguiendo las enseñanzas de la kábala, bien podemos invertir los términos y proponer traducirla, tal como hace Lévinas, por «sabiduría del amor».

¿Cómo llegar a ser un discípulo?

No era fácil lograr ser aceptado como discípulo. Pitágoras comenzaba por observar si el postulante era capaz de «controlar su lengua»,

Emmanuel Lévinas (1904-1996), discípulo de Husserl (1859-1938) y de Heidegger (1889-1976), fue uno de los filósofos más importantes del siglo XX. Invitó a reflexionar sobre la filosofía no sólo como «amor por la sabiduría», sino también como «sabiduría del amor».

según la expresión que él mismo utilizaba. ¿Podía guardar silencio y cuidarse de revelar lo que había oído, durante las sesiones en que se impartía la enseñanza? Durante la primera época, el silencio del discípulo le interesaba más que lo que éste tenía que decir.

La sala donde se impartía la enseñanza estaba dividida en dos por un cortinaje. Pitágoras se encontraba de un lado, los postulantes del otro; éstos sólo accedían a sus enseñanzas mediante el oído. Lo oían pero no podían verlo. ¡Esta prueba duraba cinco años! La cortina poseía una enorme importancia en la vida de la escuela pitagórica. El hecho de poder atravesarla significaba que el discípulo había pasado con éxito las pruebas. Los miembros de la escuela estaban divididos en dos categorías, de acuerdo con el lado de la cortina que ocupaban: del lado exterior al lugar donde se encontraba Pitágoras, los exotéricos; en el interior, y por el resto de sus vidas, los esotéricos. Sólo estos últimos podían ver a Pitágoras.

Platón y sus discípulos, grabado de O. Knillé, siglo XIX.

La transmisión de los secretos

De acuerdo con este mismo espíritu, también los textos de los pitagóricos estaban sometidos a la regla del silencio. Redactados en un lenguaje con doble sentido, jugaban en dos niveles distintos de interpretación; uno comprensible para todo el mundo, el otro reservado exclusivamente para los iniciados. Así, la doctrina de los pitagóricos utilizaba un lenguaje rico en símbolos y enigmas.

La mayoría de los conocimientos se transmitía de boca en boca. Este tipo de transmisión dio lugar a una segunda manera de clasificar a los discípulos. Estaban los acusmáticos —a quienes se transmitía los resultados pero no las demostraciones— y los matemáticos, a quienes se transmitía los resultados y las demostraciones.

Los *akousmata* eran, por consiguiente, discursos trasmitidos exclusivamente de manera oral, de los que no existía ningún vestigio escrito...

Debido a esto, todos los miembros de la escuela debían ejercitar su memoria.

Por las mañanas, un pitagórico jamás se levantaba antes de haber rememorado los acontecimientos que había vivido la víspera. Intentaba recordar con precisión lo que había visto, lo que había dicho, las personas que había encontrado.

El oído, la música y la armonía

Al parecer la escenificación escogida por Pitágoras para la transmisión de sus enseñanzas no era una simple carrera de obstáculos para los discípulos, sino el resultado de una reflexión fundamental sobre la pedagogía y los sentidos, puesta en práctica en esta relación primordial entre maestro y discípulo, relación que constituye la esencia misma de lo «matemático».

El hecho de no ver al maestro instituye una relación con el oído que suplanta el sentido de la vista. Esta situación vuelve al discípulo más atento a las palabras proferidas y a todas las sonoridades musicales. El maestro educa y afina su oído, preparándolo así para la armonía. Es interesante notar que en hebreo, oreja, *ozen*, significa también «equilibrio» (sabemos hoy que, desde el punto de vista anatómico, el oído interno es el órgano del equilibrio). De hecho, se comprende por qué las diferentes leyendas respecto de Pitágoras vuelven siempre sobre la misma anécdota relativa al descubrimiento de la escala de las notas, es decir de una cierta armonía musical.

Un lugar para las mujeres

Cuando un nuevo discípulo ingresaba en la Fraternidad, debía donar todas sus posesiones a un fondo común. Si un discípulo dejaba

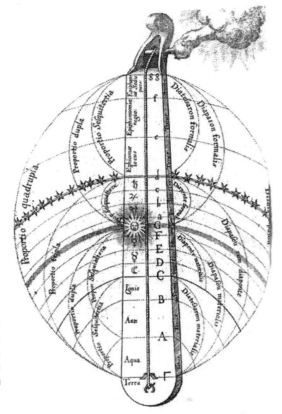

Grabado que representa el monocordio místico: la armonía del monocordio de las matemáticas y la armonía del universo.

el grupo, recibía el doble de lo que había ofrecido al ingresar, y se erigía una estela en su memoria. La Fraternidad era una institución igualitaria e incluía a numerosas hermanas. La alumna predilecta de Pitágoras era la propia hija de Milón, la bella Teano. A pesar de la diferencia de edad, terminaron contrayendo matrimonio.

Los peligros de la iniciación: el odio y la venganza

Había muchos candidatos para la iniciación, pero sólo eran aceptados los más brillantes. Un tal Cilón fue rechazado. Él lo sintió como una afrenta. Veinte años más tarde, Cilón se vengaría de esta humillación. Mientras tanto, durante la sexagésima séptima Olimpíada, en el año 510 a. C., estalló una revuelta en la ciudad vecina de Sibaris. Telis, el cabecilla y héroe de la revuelta, emprendió salvajes persecusiones contra los partidarios del Gobierno anterior, lo que hizo que muchos de sus miembros se refugiaran en Crotona. Telis solicitó que los traidores fuesen expulsados hacia Sibaris para sufrir allí el castigo que merecían, pero Milón y Pitágoras convencieron a los ciudadanos de Crotona para que resistieran ante el tirano y protegieran a los refugiados. Telis, furioso, reunió un ejército de trescientos mil hombres y marchó sobre Crotona, que Milón decidió defender con cien mil ciudadanos armados. Tras setenta días de lucha, el general Milón se hizo con la victoria y, como venganza, desvío el curso del río Cratis, con el fin de inundar Sibaris.

La muerte de Pitágoras

La guerra había finalizado, pero Crotona se dividió por el reparto del botín. El pueblo, temiendo que las tierras fuesen adjudicadas a la elite pitagórica, se sublevó. Las masas alimentaban desde hacia tiempo un resentimiento cada vez mayor por la Fraternidad, que se obstinaba en guardar en secreto sus descubrimientos; pero las cosas se agravaron cuando Cilón se presentó como la voz del pueblo. Atizando el miedo y la envidia de la multitud, lanzó el populacho al ataque de la escuela de matemáticas más brillante que haya existido jamás. La casa de Milón y la escuela adyacente fueron sitiadas, los insurrectos bloquearon las salidas para impedir toda posibilidad de fuga y prendieron fuego a los edificios. Milón logró huir de esta hoguera, pero Pitágoras y varios de sus discípulos perecieron entre las llamas.

Milón de Crotona (540-516 a. C.), dibujo en tinta marrón, por Rosa Salvatore (1615-1673).

2. Los clásicos

2.1. LA INTELIGENCIA DE LO IRRACIONAL: ENTEROS, RACIONALES, IRRACIONALES Y TRASCENDENTES

> *A las personas mayores les encantan las cifras.*
> *Cuando les hablas de un amigo nuevo,*
> *jamás te preguntan por lo esencial. Jamás te dicen:*
> *¿Qué tono de voz tiene?*
> *¿Qué juegos prefiere?*
> *¿Colecciona mariposas?*
> *Te preguntan:*
> *¿Qué edad tiene?*
> *¿Cuántos hermanos tiene?*
> *¿Cuánto pesa?*
> *¿Cuánto gana su padre?*
> *Sólo entonces creen conocerlo.*
> ANTOINE DE SAINT-EXUPÉRY

Antes de emprender la exploración de algunos números extraordinarios, tal vez convenga presentar brevemente algunos de los elementos más importantes de la gran familia de los números. Esta presentación nos permitirá tomar o retomar contacto con los tipos principales de los números utilizados en matemáticas.

Los decimales, un criterio de clasificación

Las distintas clases de números se evidencian, primeramente, a partir del hecho de que tengan o no decimales, luego, en caso de tenerlos, en función de las propiedades de estos decimales.

Los números sin coma

1. Los números enteros naturales

Los números más simples son los números enteros, por ejemplo:

$$1 \qquad 2$$

$$4.589$$

o

$$453.768.909.432$$

Los números más simples tienen dos características:

- No tienen decimales, es decir no tienen ninguna cifra después de la coma, y, por lo tanto, no llevan coma; por esta razón se los denomina números enteros.
- No tienen signo y se los denomina números naturales; el adjetivo «natural» indica que pueden representar cantidades de objetos de la naturaleza, por ejemplo, manzanas u ovejas. Cuando contamos ovejitas para conciliar el sueño, por ejemplo, lo hacemos con los números naturales.

El conjunto de estos números tiene la propiedad de permanecer invariable mediante suma y multiplicación. En efecto, si sumamos o multiplicamos dos números enteros naturales, siempre obtendremos un entero natural.

Los enteros naturales, aunque muy simples, representan un papel fundamental en las matemáticas. Es a partir de ellos que se construye el resto de los números.

2. Los enteros relativos

Éstos son números enteros provistos de un signo, por ejemplo:

$$-253 \qquad -48 \qquad +39 \qquad +15$$

Al considerar los números dotados de un signo, es necesario tener en cuenta al 0, que carece de signo y que separa los números positivos de los números negativos. El signo es una cualidad importante, ya que determina la posición de los números respecto del 0. Negativo significa menor que 0, positivo mayor que 0. De allí el adjetivo «relativo» para calificar a este tipo de números.

Los enteros naturales, al carecer de signo, no pueden ser positivos. Pero, por convención, un entero escrito sin signo puede ser interpretado, según el contexto, como un entero natural o como un entero relativo positivo. En cambio, para escribir un entero relativo negativo, debemos obligatoriamente anteponerle el signo «-» («menos»), de lo contrario, el número en cuestión podría ser confundido con un entero positivo.

Debido a esta equiparación, el conjunto de los enteros naturales aparece contenido dentro del conjunto de los enteros relativos.

Los números con coma

La diversidad de estos números es inmensa. En efecto, un número con coma puede tener una cantidad indeterminada de decimales, y ésta podrá ser finita o infinita.

Ejemplo con un número de decimales finito:

2,9673042058 3374562362 14495

Ejemplo con un número de decimales infinito:

$$1/3 = 0,3$$
$$3333333$$
$$3333333$$
$$33333...$$

Los tres puntos indican que el decimal tres se repite hasta el infinito.

Los números con coma se dividen en tres categorías: racionales, irracionales y trascendentes.

1. Los números racionales

Si tomamos un entero natural y lo dividimos por otro entero natural, el resultado de esta operación podrá dar o un número finito de decimales o decimales en una cantidad infinita.

Estos últimos números se dividen, a su vez, en dos categorías. La primera, en la que los decimales se repiten de manera periódica, a partir de una cierta cifra después de la coma (estos son los racionales), y una segunda categoría, en la que los decimales no se repiten de manera periódica y, por consiguiente, resultan imprevisibles mediante todo tipo de cálculo.

Ejemplos con un número finito de decimales:

$$2/1 = 2$$
$$3/2 = 1,5$$
$$5/16 = 0,3125$$
$$173/64 = 2,703125$$

Estos cuatro números tienen una cantidad determinada de decimales:

$$0, 1, 4 \text{ y } 6$$

Ejemplos con un número periódico infinito de decimales (en estos ejemplos, el grupo periódico comienza después del primer decimal):

$$1/11 = 0,0909090909...$$

$$55/111 = 0,495495495495...$$

Ejemplos con decimales no periódicos, en este caso el número 39, antes de la aparición del grupo periódico, aquí, el grupo 285714:

$$11/28 = 0,392857142857142857 14...$$

Nota: puede enunciarse esta propiedad de una manera más concisa; en efecto, es posible considerar que los números con una cantidad finita de decimales poseen un número infinito de decimales, si se les agrega infinitos 0.

Por ejemplo:

$$3,478 = 3,4780000000000000000000000000...$$

Por lo tanto, si tenemos en cuenta esta aclaración, la propiedad precedente puede enunciarse de la forma siguiente:

«Los decimales de la división de un entero natural por otro son periódicos a partir de un cierto rango.»

La división de enteros relativos tiene las mismas propiedades que la de los enteros naturales. La única diferencia es que el resultado es un número con signo. Este signo depende del signo implicado en la división. Dado que la propiedad de periodicidad de los decimales es independiente del signo, ésta valdrá también para el resultado de la división de un entero relativo por otro.

Definición

Los números que poseen decimales periódicos a partir de un determinado rango se denominan *números racionales*. En el ejemplo siguiente, el grupo *142857* se repite periódicamente, lo que permite prever la secuencia de decimales. Es esta previsión de un desarrollo periódico lo que hace de ellos números racionales.

$$1/7 =$$
$$0,142857$$
$$142857$$
$$...$$
$$142857, \text{etc.}$$

En lugar de reproducir por escrito los decimales de un número racional, incluso en aquellos casos en que éste presente una propiedad especial, el número se escribe, por razones de comodidad, mediante fracciones; en el caso precedente:

$$1/7$$

Del mismo modo en que hemos absorbido a los enteros naturales dentro de los enteros relativos, equiparando los enteros positivos a los enteros naturales, podemos incluir a los enteros relativos en los racionales. Para ello, equiparamos el entero relativo «p» al racional p/1.
Por ejemplo:

$$3 = 3/1$$

o

$$-4 = -4/1$$

Por definición, y tal como sugiere su notación fraccionaria, los racionales se adaptan bien a la división.

La división de dos racionales (si el número por el cual se divide no es 0) da siempre un número racional.

La suma, la diferencia o el producto de números racionales es siempre un número racional. Por lo tanto, el conjunto de los racionales se mantiene invariable bajo las cuatro operaciones básicas de cálculo.

En cambio, no siempre puede dividirse un número entero natural por otro entero natural y obtener un entero natural. Si tengo 25 vacas y 3 niños, y quiero dar la misma cantidad de vacas (¡vivas!) a cada niño, será imposible.

La recíproca de la propiedad de los decimales obtenidos por división es verdadera.

> *«Si un número tiene una cantidad finita de decimales, o a partir de un cierto rango, sus decimales son periódicos, entonces, el número es racional.»*

Dicho en otras palabras, los números racionales son los únicos números que poseen una crifra decimal periódica. Por consiguiente, es la periodicidad lo que caracteriza a los racionales.

> *Un número es racional*
> *si y sólo si su desarrollo decimal*
> *(o en cualquier base)*
> *es periódico a partir de una cifra determinada.*

$$135/11$$
$$=$$
$$12,27\ 27$$
$$27\ 27\ 27$$
$$27\ 27\ 27$$
$$27\ 27\ 27$$
$$27\ 27\ 27$$
$$27$$

2. Los números irracionales

Estos números pueden construirse geométricamente (ejemplo: diagonal de un cuadrado de 1) sin que puedan expresarse mediante un valor fraccionario, por complejo que éste sea. Además, no existe una ley que permita determinar la repetición periódica de ciertos grupos de cifras, como sucede con los números racionales, si bien existen ciertas periodicidades.

El número irracional más conocido es $\sqrt{2}$. Su escritura decimal presenta una infinidad de decimales no previsibles.

$$\sqrt{2} =$$
$$1,414235623730950$$
$$488016887242097...$$

Ejemplo: si queremos que, entre dos 1 consecutivos, haya cada vez un número mayor de 0, tendremos 1, luego 0, luego 1, y después dos 0, luego otro 1, seguido de tres 0, luego 1 y, a continuación, cuatro 0, y así sucesivamente. Por consiguiente, el decimal 1 no podrá repetirse a intervalos regulares.

$$0,10$$
$$100 \quad 1000 \quad 10000 \quad 100000$$
$$1...$$

Otro ejemplo:

$$0, \quad 1 \quad 2 \quad 3 \quad 4 \quad 5 \quad 6 \quad 7 \quad 8$$
$$9$$
$$10 \quad 11 \quad 12 \quad 13$$
$$14 \quad 15...$$

donde los decimales son los enteros naturales, uno seguido del otro. Este número no es periódico, pues el decimal 1 no lo es.

Nota: una de las propiedades de los irracionales es que pueden constituir la solución de una ecuación algebraica de grado superior a 1. Son por lo tanto números algebraicos.

Por ejemplo, la ecuación algebraica $x^2 - 2 = 0$ tiene como solución $+ \sqrt{2}$ y $- \sqrt{2}$. $\sqrt{2}$ es, por consiguiente, un número algebraico.

3. Los números trascendentes

Son los números irracionales que no son algebraicos. El número π es el más conocido. Es irracional, dado que tiene infinitos decimales imprevisibles, y no es solución de ninguna ecuación de grado superior a 1. Existen otros números trascendentes como e ($= 2,718$), la constante de Euler ($= 0,577215$), e^{π} y quizá π^e.

2.2. DESEO DE INFINITO: EL FASCINANTE NÚMERO π

Todo mi ser grita
en contradicción conmigo mismo.
La existencia es con toda certeza una elección...
Soren Kierkegaard

Como dijimos entonces, un número tascendente es un número irracional, cuyos decimales no son periódicos, y que no es solución de ninguna ecuación algebraica. π es el ejemplo más conocido y, a la vez, el número más famoso de las matemáticas. Se han escrito libros enteros sobre su historia y sobre los trabajos que ha suscitado y aún sigue suscitando. Lo que fascina desde siempre a los matemáticos es que un número definido a partir de una figura geométrica tan simple como el círculo encierre tantos misterios y posea una complejidad tan rica.

π es definido no como un número, sino como una relación de magnitudes, entre la superficie de un círculo y el cuadrado construido sobre su radio.

Fue Arquímedes quien, en el siglo III a. C., demostró que esta relación era independiente del radio del círculo considerado, e igual a la relación de la longitud de una circunferencia respecto a su diámetro. Los griegos suponían, sin poder demostrarlo, que se trataba de una relación de magnitudes inconmensurables.

El irracional $\sqrt{3}$ gobierna el octaedro
(dibujo atribuido a Leonardo da Vinci).

Cuando en el siglo XVII, las relaciones de magnitudes adquirieron el estatuto de números, π se convirtió en un número que se creía irracional, sin que esta suposición pudiera ser probada.

La notación π aparece, por primera vez, en 1663, en un libro del inglés Oughtred. Representa la primera letra de la palabra *periphereia* («circunferencia»).

La irracionalidad de π fue probada en 1761 por el suizo Lambert, gracias a una demostración que empleaba lo que se denomina fracciones continuas.

π es irracional y trascedente

Especialmente desde principios del siglo XX, los matemáticos se interesan en la distribución estadística de sus decimales, es decir, la forma en que aparecen, dentro de la serie de sus decimales, las cifras de 0 a 9. Se sabe que su desarrollo decimal, dado que π es irracional,

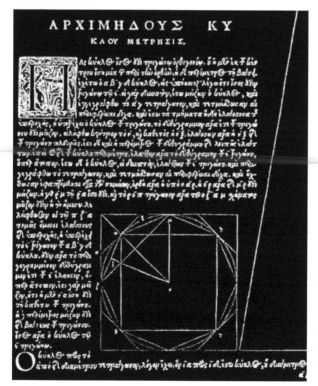

Cuadratura del círculo, por Arquímedes (manuscrito griego).

no es periódico. Pero estudiando sus decimales, ¿es posible descubrir ciertas particularidades?

Podría suceder, por ejemplo, que a partir de un determinado rango no apareciera más una cierta cifra, o que no hubiese más que un solo tipo de secuencia de cifras, o...

Una particularidad de este género revelaría una propiedad profunda que sería posible interpretar sobre un plano teórico.

Pero a pesar de todas las pruebas estadísticas practicadas, hasta el presente los investigadores no han podido descubrir nada. Hecho soprendente, si se piensa que π tiene una definición muy particular. Esto lleva a plantearse la pregunta de si existe alguna diferencia entre los decimales de π y una secuencia de cifras tomadas al azar. Pero ¿cuáles son las propiedades de una secuencia de cifras tomadas al azar? ¿Y cómo caracterizar tal secuencia? Este tipo de preguntas, que obliga a interrogarse sobre la noción de azar, desemboca en teorías importantes.

Grabado
que representa
a Arquímedes
(287-212 a. C.).

El cálculo de π

El cálculo de π o más exactamente, de su valor aproximado, se remonta a los tiempos más antiguos. La primera estimación de π de la que se hayan encontrado rastros, proviene de la civilización babilónica. Sobre una tablilla que data de hacia el año 4000 a. C., pueden leerse consideraciones sobre la relación entre la longitud de una circunferencia y el perímetro del hexágono inscrito (igual a 3 veces el diámetro) que llegan a atribuir a π un valor de 3 + 1/8, o sea:

$$3,125$$

Resultado bastante notable, puesto que hoy en día se sabe que el valor de π hasta los cinco primeros decimales es de:

$$3,14159$$

Encontramos otra estimación de π en el célebre papiro Rhind, que data aproximadamente del año 1650 a. C. El escriba egipcio Ahmes indica en él que la superficie de un círculo es igual a la de un cuadrado que tenga sus lados iguales a 8/9 de diámetro, o sea 16/9 de radio. Esto equivale a tomar $(16/9)^2$ como valor de π, o sea aproximadamente: 3,16

Sobre una tablilla babilónica escrita en caracteres cuneiformes, se encuentra la aproximación $\pi = 3 + 1/8$. Los babilonios habían llegado a este resultado, comparando el perímetro del círculo con el del hexágono inscrito, igual a tres veces el diámetro.

La regla de la disminución del noveno, utilizada en el problema 48 del papiro Rhind (a la derecha, en escritura hierática), lleva al valor de $\pi = (16/9)^2$. Este valor provendría de la aproximación de la superficie de un disco a la de un octógono (izquierda).

Ahmes no da ninguna indicación sobre el modo en que se obtuvo este resultado, pero se cree que provendría de la estimación de la superficie de un círculo, mediante el cálculo de la superficie de un octógono, figura que se encuentra en los mosaicos de la época.

Estas estimaciones de la Antigüedad poseían un fin práctico: se trataba, por ejemplo, de poder calcular la superficie de una parcela de terreno circular o el volumen contenido en un silo de granos cilíndrico. Pero los babilonios y los egipcios no se preocupaban por dar una definición exacta de π. Es con los griegos que aparece la voluntad de rigor matemático. Mediante complejos métodos geométricos que buscaban calcular el perímetro de polígonos regulares de 96 lados, Arquímedes logró delimitar a π:

$$3,1410369 < \pi < 3,1427201$$

Determinación notable, puesto que es de una amplitud inferior a dos milésimas. El extremo superior de la delimitación, 22/7, fracción muy simple, servirá durante mucho tiempo como estimación práctica de π; alcanza para solucionar numerosos problemas concretos. No será hasta el siglo XVI y la aparición de los números decimales que esta aproximación será reemplazada por la estimación práctica:

$$3,14 \quad \text{o} \quad 3,1416$$

Siguiendo los pasos de Arquímedes, los matemáticos de todos los países buscaron calcular el valor de π. Los métodos siguieron siendo, durante mucho tiempo, geométricos, apoyándose, como el genial matemático griego, en la utilización de polígonos regulares.

En el siglo II de nuesta era, encontramos entre los chinos, la estimación 142/45, o sea:

$$3,155$$

El indio Âryabhata da, en el año 498, un valor de 62.832/20.000, o sea:

$$3,1416$$

Volvemos a encontrar este valor entre los árabes en el siglo IX. En Occidente, el alemán Van Ceulen logró calcular, en el siglo XVI, los primeros 35 decimales de π, empleando polígonos regulares de 262 lados. Este cálculo titánico, al que Van Ceulen consagró su vida, le valió la gloria a su autor, pero puso un punto final al cálculo de los decimales de π mediante el empleo de los métodos geométricos de Arquímedes. Nadie iría más lejos que Van Ceulen con estas técnicas, debido a la aparición de los métodos analíticos que permitirían nuevas definiciones de π, y barrerían con los métodos geométricos.

En 1719, el francés Lagny calcula 127 decimales. Récord batido sólo en 1794 por el austríaco Vega, quien calcula 140 decimales. En 1844, Dahse da 205. Pasamos a 248 en 1847 (Calusen), 440 en 1853 (Rutherford), 530 en 1853 (Shanks), 707 en 1873 (de nuevo Shanks). Estos 707 decimales calculados por Shanks constituyeron, durante mucho tiempo, el récord del número de decimales de π calculados. Es necesario aclarar que Shanks había dedicado veinticinco años de su vida a dicho cálculo. Son estos 707 decimales de Shanks los que figuran en el techo de la sala consagrada a π en el Palacio del Descubrimiento en París. Este resultado no sería superado hasta 1947, cuando Ferguson logró calcular 710 decimales con la ayuda de una calculadora de oficina. A título de anécdota, vale la pena mencionar que en ocasión de este nuevo récord se dieron cuenta de que los decimales de Shanks eran erróneos a partir del 528, debido, según se cree, al olvido de un término, lo que obligó a los responsables del Palacio del Descubrimiento a rehacer parcialmente el techo.

La época de la calculadora

En 1948, Ferguson volvió a mejorar, junto con Wrench, el número de decimales conocidos de π llegando a calcular 808, nuevamente me-

El ENIAC, primer ordenador electrónico de tecnología de computación, batió en 1949 el récord de cálculo de los decimales de π. Misión cumplida con 2.037 decimales, el doble del récord precedente, obtenido el mismo año con la ayuda de una calculadora mecánica.

diante el uso de una calculadora de oficina. Este cálculo de 808 decimales por parte de Ferguson y Wrench marca el fin de la era de los cálculos «a mano» de los decimales de π. Con la aparición de la tecnología de computación, el número de los decimales de π calculados aumentaría muy rápidamente. En 1949, en Filadelfia, un ordenador programado por Reitwiestner calcula 2.037 decimales, en 70 horas.

En 1954, también en los Estados Unidos, un ordenador programado por Nicholson y Jeenel calcula 3.092 decimales, en diez minutos.

En 1958, en París, un ordenador programado por Genuys calcula 10.000 decimales, en 100 minutos. El límite de 100.000 decimales es superado en 1961, en Washington, por Shanks y Wrench, y el de un millón, en 1973, por Gilloud y Martin Bouyer. En 1976 aparece un algoritmo de un tipo nuevo, muy rápido, inventado por Brent y Salamin. Comienza un nuevo periodo que ve aumentar espectacularmente

Maquina analítica de Charles Babbage (1791-1871), quien tuvo a su cargo la evaluación de los múltiplos a partir de un valor dado de π.

el número de decimales conocidos de π, gracias a la aparición de nuevos algoritmos cada vez más eficaces. ¡Actualmente, estamos en más de 200.000 millones de decimales de π!

19951	41908	16682	24900	74207	11186	48815	47728	91718	65359	67765
19952	39579	93350	33427	28214	60541	69649	60098	47069	79585	59264
19953	30428	70363	66471	30713	14782	33061	15764	19913	22242	06460
19954	99898	83076	26858	36055	52740	99047	84676	10760	42417	84215
19955	06285	17557	35299	96478	62552	95428	36742	98706	64579	43375
19956	80101	40740	21161	86144	84329	76574	42634	28528	70477	85563
19957	08309	63143	52787	83041	94501	97029	46575	77773	28167	46858
19958	08745	39316	03937	25331	58992	80579	43463	14087	35860	86177
19959	88263	34927	74615	11849	11655	13068	18467	13677	34882	33410
19960	85136	40394	79392	08876	88633	63394	61382	35834	47940	81569
19961	61091	42938	77347	13893	42377	36191	09646	05642	44474	77908
19962	20760	49660	27135	61689	54106	44483	21365	98082	93890	97296
19963	18912	11834	29149	06163	89638	61069	37520	89534	68839	83344
19964	46718	98212	43478	07238	74074	57697	55450	74368	46747	13502
19965	48588	18399	66556	81963	44528	81194	18331	72636	82505	06118
19966	64900	39412	55205	74571	20360	35578	02514	19043	52671	83721
19967	92138	48299	05803	22469	58424	32315	89844	32510	39654	43535
19968	05354	33292	16747	04077	86146	84859	76255	74461	53511	88003
19969	14305	69954	92784	71674	54497	26976	12839	33251	83819	72223
19970	28360	70752	27812	92813	01065	69412	62948	73063	42688	37338
19971	18174	21706	08647	54827	63942	42391	40275	32180	42951	90341
19972	16351	70469	80742	33515	56057	85756	24509	99253	20178	74996
19973	36640	47347	70389	85587	30650	76038	70997	73184	31281	09897
19974	89882	08543	55955	09432	53902	37189	52168	20233	44245	57257
19975	53078	79263	39855	09016	45594	23733	96625	22335	16487	50589
19976	55694	21729	72448	95998	82508	92321	12034	79589	41546	54603
19977	03787	86175	91571	66139	88693	26873	74968	47305	49653	29378
19978	21475	64810	57938	08285	30053	24470	80506	56929	42234	00109
19979	59348	29461	45390	78890	66162	64021	50130	73533	00331	92074
19980	56372	63770	77099	93999	22886	21224	32488	02062	63485	08885
19981	30360	10723	43689	01360	64275	81425	28398	78594	91799	79611
19982	21963	79757	65192	45218	67096	08809	21371	11977	50008	78159
19983	30430	72934	48839	30957	57415	92413	75285	97779	72918	93453
19984	85050	80383	19867	74590	02518	65791	72370	80857	41642	97153
19985	80788	40607	13068	48036	19824	19715	77476	38950	72534	68404
19986	56919	27595	31937	22370	22290	15580	06560	76047	38547	35990
19987	44779	96748	74996	97694	27137	66869	55331	95125	33776	40985
19988	87096	68386	32639	26164	94560	86841	40374	56842	07194	05950
19989	70174	30354	69182	15090	04664	93998	55174	13893	85197	57312
19990	15682	61622	86223	18810	96729	74760	60130	28331	19371	61140
19991	87472	70676	25585	67775	11995	66674	86151	96491	29701	93318
19992	08499	41096	18139	29649	27893	60902	12535	44332	73750	64260
19993	62429	94120	32736	25582	44174	98345	09473	09453	43661	59072
19994	84163	19368	30757	19798	06823	15357	37155	57181	61221	56787
19995	93642	50138	87117	02327	55557	79302	26678	58031	99930	81083
19996	05763	07652	33205	07400	13939	09580	79016	37717	62925	92837
19997	64874	79017	72741	25678	19055	55621	80504	87674	69911	40839
19998	97791	93765	42320	62337	47173	24703	36976	33579	25891	51526
19999	03156	14033	32127	28491	94418	43715	06965	52087	54245	05989
20000	56787	96130	33116	46283	99634	64604	22090	10610	57794	58151

Última página del libro *1.000.000 de décimales de π*, de Jean Guilloud y Marie Bouyer, a veces calificado como «el libro más aburrido del mundo». Los 2.500 decimales de esta página van de la posición 997.501 a la 1.000.000.

Un deseo de infinito

«Pero podríamos preguntarnos, ¿por qué esta búsqueda de los decimales de π? Se puede encontrar para este cálculo una motivación teórica, la de sacar a la luz, en la secuencia de los decimales, particularidades que revelarían algún misterio profundo sobre la naturaleza de este número. En particular, todo progreso en el número de los decimales conocidos permite afinar el estudio de la distribución estadística de los mismos. Por otro lado, gran parte del interés que despierta la búsqueda de los decimales reside en su proceso mismo.

»La complejidad de π hace de la búsqueda de sus decimales un excelente motor para hacer avanzar las matemáticas. Obliga a los matemáticos a reflexionar sobre las distintas nociones ligadas a la naturaleza de los números y de las matemáticas; requiere del perfeccionamiento de los algoritmos rápidos, que luego son adaptables a diversas funciones y pueden revelarse de un gran interés matemático; la realización de cálculos precisos brinda, por último, una prueba muy buena para la potencia de las computadoras.»

JEAN PÉZENNEC, *Promenades au pays des nombres*

Sin embargo, los buscadores de decimales dejan ver, con frecuencia, motivaciones que nada tienen que ver con la razón.

¿No será ésta, quizá, una de las formas en que puede expresarse en el hombre su deseo de infinito?

2.3. LO PAR Y LO IMPAR: LA DIALÉCTICA DEL CAOS Y DEL COSMOS

Esta noche habrá lugar para todos
en la mesa del Padre.
Alguien, mezclado todo el día
con los otros obreros de la viña,
dará gracias por todos y cada uno de ellos,
partiendo el pan.

PIERRE EMMANUEL

Para los pitagóricos, la armonía se extendía a todo el universo; el orden mismo de los cielos se expresaba por medio de una gama musical. ¡La música de las esferas! Para nombrar este fenómeno hacía falta una palabra. Pitágoras la inventó: *¡Cosmos!* El orden y la belleza. Y la historia del mundo se simbolizó mediante la lucha del cosmos contra el caos.

Esta noción de orden y de cosmos orientó una de las actividades principales de los matemáticos: la clasificación. Pitágoras comenzó por establecer una primera clasificación de los números. Ésta nos resulta tan natural hoy que parece haber existido desde siempre. Pero, sin embargo, se trató de un gran primer paso. Pitágoras dividió a los números enteros en dos categorías, los pares y los impares. Los que son divisibles por dos y los que no lo son.

2 es el primer «número par» y el único par «primo».
3 es el primer «número impar».

Estableció así las reglas de cálculo referentes a la paridad.

Para la suma:

Par + par	= par
Impar + impar	= par
Par + impar	= impar

Y para la multiplicación:

Par × par	= par
Impar × impar	= impar
Par × impar	= par

La Tetraktys

El núcleo de la doctrina pitagórica es la Tetraktys, palabra que quiere decir «cuaternidad», o sea, la suma de cuatro elementos consecutivos. El primer verso del juramento pitagórico revela su importancia a los ojos de los adeptos:

No, lo juro en nombre de aquel que ha transmitido a nuestra alma la Tetraktys, en quien se encuentra la fuente y la raíz de la eterna Naturaleza.

Los números 1, 2, 3, 4 y su suma consecutiva (1 + 2 + 3 + 4 = 10), fundan, por analogía, la manera en que los pitagóricos concebían el universo. Dado que:

$$1 = \text{el Creador}$$
$$2 \text{ y } 3 = \text{la Materia}$$
$$4, 5 \text{ y } 6 = \text{el Espíritu}$$
$$7, 8, 9 \text{ y } 10 = \text{las Manifestaciones Sensibles}$$

El número 10: la década

La década, suma de la Tetraktys, tiene a la vez un rol sagrado. En verdad, como enseñaba Pitágoras, el número 10 es el más bello, pues contiene:

- La misma cantidad de números pares e impares:
  1, 3, 5, 7, 9 son impares.
  2, 4, 6, 8, 10 son pares.
- La misma cantidad de números primos y compuestos:
  1, 2, 3, 5, 7 son primos.
  4, 6, 8, 9, 10 son compuestos.

La Tetraktys y el espacio

Una de las enseñanzas claves de la escuela pitagórica era que todo *es* número; y que no puede concebirse o conocerse nada sin recurrir a ellos. La Tetraktys representa el número de puntos necesarios para engendrar las dimensiones del universo:

1 es el punto, de dimensión cero (objeto cero-dimensional) y generador de las otras dimensiones.
2 puntos definen una recta, de 1 dimensión.
3 puntos forman un triángulo, de 2 dimensiones.
4 puntos unidos entre sí forman un tetraedro, de 3 dimensiones.

Los pitagóricos hicieron de la Tetraktys su símbolo por excelencia. Llevaron hasta el extremo la mística de los números, construyendo un universo en el que los números poseían una función filosófica y mística.

La doble Tetraktys

En su escrito *Sobre Isis y Osiris*, Plutarco evoca la Tetraktys (§ 75):

«Por su parte, los pitagóricos honraron a los números y las figuras con apelativos de dioses [...]. El llamado Tetraktys, el treinta y seis, era el mayor juramento, según se comenta, y ha recibido el nombre de universo, dado que se completa, al sumarse juntos los cuatro primeros pares y los cuatro primeros impares.»

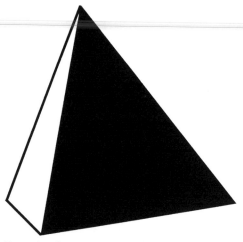

Tetraedro, figura geométrica de la Tetraktys.

Para los griegos, la igualdad:

$$(1 + 3 + 5 + 7) + (2 + 4 + 6 + 8) = 36$$

era considerada de manera simbólica. Como ellos veían en la oposición entre números impares y números pares la polaridad de lo masculino y de lo femenino, en esta «doble Tetraktys» se reunían, entonces, una tétrada masculina y una tétrada femenina, a la manera de cuatro dioses y cuatro diosas, en un acto de creación universal; los antiguos griegos veían salir de esta unión el universo, bajo el atuendo numérico del treinta y seis.

2.4. LOS NÚMEROS PRIMOS

Entre la tierra y el cielo, una escalera.
El silencio en la cima de ella.
La palabra o la escritura, por más persuasivas que sean,
sólo son sus grados intermedios.
Hay que posar el pie muy suavemente en ella,
sin insistir. Hablar es, tarde o temprano, pasarse de listo.
En un momento u otro.
Inevitablemente. Irresistiblemente.
Sólo el silencio carece de malicia.
El silencio es primero y último.
El silencio es amor —y cuando no lo es,
es más desgraciado que el bullicio.

CHRISTIAN BOBIN

Definición del número primo y del número compuesto

Existen dos especies de enteros positivos: los números primos y los números compuestos.

- Se dice que un número positivo es primo cuando no tiene más divisor que sí mismo y la unidad.
  7 por ejemplo sólo es divisible por 7 y 1.

$$7 \div 1 = 7$$
$$7 \div 7 = 1$$

- Se dice que un número es no primo o compuesto cuando admite más de dos divisores. Ejemplo:

  24 es divisible por 1 (= 24)
  24 es divisible por 24 (= 1)

Pero un número puede tener más divisores que sí mismo y la unidad. Así 24 es divisible por 2, 3, 4, 6, 8 y 12.

Nota sobre el 1: vale la pena señalar que la unidad no entra en ninguna de estas dos especies y, en la mayoría de los casos, no conviene considerarla como un número primo, puesto que las propiedades de los números primos no siempre se aplican al número 1.

Los números primos gemelos

Desde hace siglos, los matemáticos intentan descubrir las reglas subyancentes de los números primos. Tal vez no exista ningún esquema. Algunos números primos se presentan a pares, separados por 2; éstos se denominan números primos gemelos.

Dos números primos son gemelos
si están lo más cerca posible uno del otro,
Es decir, si su diferencia es igual a dos.

He aquí algunos pares de números primos gemelos:

$$(3, 5), (5, 7), (11, 13), (17, 19), (29, 31)$$

Una conjetura matemática que viene de antiguo estipula que existe una infinidad de números primos gemelos. Hasta ahora, la conjetura no ha sido ni probada ni refutada.

Señalemos que los números primos gemelos sólo distan en 2 números, que es lo más cerca posible que pueden encontrarse dos números primos. Si difiriesen en 1, uno de los dos sería necesariamente par y, por lo tanto, divisible por 2.

La conjetura de Goldbach

Goldbach afirmó en 1742 en una carta a Euler:

«Todo número entero par es siempre la suma de dos números primos.» Por ejemplo:

$$34 = 29 + 5$$
$$48 = 31 + 17$$
$$18 = 7 + 11$$
$$20 = 17 + 3$$
$$30 = 17 + 13$$

Verificada con la ayuda de una computadora para más de un millón de números enteros pares, esta afirmación, dos siglos y medio después de haber sido enunciada, aún no ha sido demostrada y es un problema que sigue ocupando a los matemáticos contemporáneos. Es interesante señalar que esta conjetura también funciona para los números impares superiores a 5. Pero en este caso, hacen falta tres números primos.

«Todo número impar es siempre la suma de tres números primos.» Ejemplo:

$$55 = 31 + 19 + 5$$

Maravillosa conjetura; ¡funciona siempre, aunque nadie sea capaz de decir por qué!

La serie de los números primos

¿Cuántos números primos hay? Es la primera pregunta que surge sobre los números primos, en la medida en que éstos constituyen el material básico de todos los naturales (ver la conjetura de Goldbach) y que estos naturales crecen indefinidamente. ¿Es posible contarlos o constituyen también una serie ilimitada?

Números primos inferiores a 100:

$$
\begin{array}{ccc}
2 & 3 & 5 \quad 7 \\
13 & 17 & 19 \\
29 & 31 & 37 \\
41 & 43 & 47 \\
53 & & 59 \\
61 & & 67 \\
71 & 73 & 79 \\
83 & & 89 \\
97 & &
\end{array}
$$

La serie de los números primos es ilimitada.

Debemos este importante teorema a Euclides. Señalemos, al pasar, que la distancia entre los números primos sucesivos es variable; por ejemplo, en esta lista, las distancias varían, 1, 2, 2, 4, 2, 4, 2, 4, 6, 2, 6, 4, 2, 4, 6, 6... El matemático griego Euclides demostró que existe una infinidad de números primos. No obstante, estos números no aparecen de manera regular, y no existe fórmula para engendrarlos. Por consiguiente, el descubrimiento de los grandes números primos implica la producción y la prueba de millones de números. Por ejemplo:

$$170.141.183.460.469.231.731.687.303.715.884.105.727$$

Este número de 39 cifras fue considerado durante mucho tiempo el mayor número primo conocido. Es el equivalente de [(2 potencia 127) − 1], es decir que representa el número de granos que hubiesen sido necesarios para recompensar al inventor del juego de ajedrez, si ese juego hubiese tenido 127 casilleros (ver la anécdota en el capítulo «El ajedrez y las matemáticas»).

La «criba de Eratóstenes» (276-194 a. C.)

No es difícil reconocer los números primos inferiores a 100, eliminando todos aquellos que son múltiplos de 2, es decir los números pares, luego elimimando los múltiplos de 3, es decir uno de cada tres, los múltiplos de 5, terminados en 5 o 0, luego los de 7. Este método que consiste en no dejar pasar sino los números primos, conocido desde la Antigüedad, lleva por nombre la «criba de Eratóstenes». Eratóstenes fue un matemático griego (siglo III a. C.), amigo de Arquímedes.

Nota: los números primos (salvo el 2) pueden separarse en dos grupos.

- El primer grupo (5, 13, 17, 29...) está formado por los números cuya división por 4 da 1 como resto (que se pueden escribir 4k + 1).
- El segundo grupo (3, 7, 11, 19, 23...), por los números cuya división por 4 da 3 como resto (y que pueden escribirse 4k + 3).

Así:
- Todos los número primos del primer grupo pueden expresarse como suma de 2 cuadrados, y no pueden serlo sino de una sola manera.
- Ningún número del segundo grupo puede serlo.

3. Los extraordinarios

3.1. LOS NÚMEROS PERFECTOS

Quedémonos junto a la lámpara y hablemos poco;
todo lo que pueda decirse no vale
la confesión del silencio vivido; es como
el hueco de una mano divina.

RAINER MARIA RILKE

Pitágoras y los pitagóricos se interesaron particularmente en el estudio de los números aritméticos (1, 2, 3...) y de sus fracciones. Los ariméticos también se denominan números enteros y, técnicamente, los matemáticos se refieren a los fracciones bajo el nombre de números racionales, es decir de relaciones proporcionales entre los números enteros. En la infinidad de números, la Fraternidad de Pitágoras buscaba aquellos que revestían una significación especial; unos de los más particulares se denominaban números «perfectos». Según Pitágoras, la perfección numérica dependía de los divisores de un número, puesto que algunos números se dividen perfectamente en un número original.

Los números excesivos o abundantes

Pitágoras demostró la existencia de tres categorías de números: los números perfectos, los números excesivos y los números imperfectos.

Cuando la suma de los divisores de un número es mayor que el número en sí mismo, éste se llama número «excesivo» o «abundante».

Por ejemplo, 12 : 12 es un número excesivo, porque la suma de sus divisores es 16 (mayor de 12; siendo los divisores de 12 1, 2, 3, 4 y 6).

$$1 + 2 + 3 + 4 + 6 = 16$$
$$y$$
$$16 > 12$$

El primer número abundante es 12.

Los números imperfectos o deficientes

En cambio, cuando la suma de los divisores de un número es menor que el número en sí mismo, éste se denomina «imperfecto» o «deficiente».

Por ejemplo, el 10: el número 10 es imperfecto porque la suma de sus divisores es 8 (inferior a 10; siendo sus divisores 1, 2, 5).

$$1 + 2 + 5 = 8$$
$$y$$
$$8 < 10$$

Los números perfectos

Los números más significativos y más raros son aquellos en los que la suma de sus divisores corresponde a sí mismo: son los llamados números perfectos. 6 es el primero de todos los números perfectos. Por ejemplo, el 6: el número 6 es perfecto porque la suma de sus divisores es igual a sí mismo (siendo sus divisores 1, 2 y 3).

$$1 + 2 + 3 = 6$$
$$6 = 6$$

Nota: originariamente, el calificativo de perfecto se reservó a los primeros números triangulares contenidos en la Tetraktys:

$$1 + 2 = 3$$
$$1 + 2 + 3 = 6$$
$$1 + 2 + 3 = 6$$

Suma, multiplicación, cuadrados y cubos de 6

A veces, se dice que 6 es doblemente perfecto: la suma y la multiplicación de sus divisores da, en efecto, un número igual a sí mismo.

$$1 + 2 + 3 = 6$$
$$1 \times 2 \times 3 = 6$$

Un vínculo particularmente interesante une el 6 a sus divisores:

$$1^3 + 2^3 + 3^3 = 6^2 = 36$$
$$1^2 \times 2^2 \times 3^2 = 6^2 = 36$$

El 6 y el teorema de Pitágoras

La tríada pitagórica 3, 4, 5, sobre la cual se basa la construcción del triángulo pitagórico, posee también un vínculo esencial con el número 6 y sus divisores.

$$3^3 + 4^3 + 5^3 = 6^3 = 216$$
$$1^3 \times 2^3 \times 3^3 = 6^3 = 216$$

Los números perfectos son raros

Entre 0 y 1.000, sólo hay tres números perfectos que son 6, 28 y 496. 28 es perfecto, porque la suma de sus divisores (1, 2, 4, 7, 14) es igual a sí mismo.

$$1 + 2 + 4 + 7 + 14 = 28$$

El cuarto número perfecto es 8.128, el quinto es 33.550.336 y el sexto 8.589.869.056.

Un método antiguo para construir un número perfecto

Euclides expresó en estos términos cómo generar números perfectos: «Partiendo de la unidad, se contruye una serie de números dobles unos de otros. Cuando la suma de todos estos números es un número primo, basta con multiplicar la suma total por su último término, para obtener un número perfecto.»

Según esta fórmula, elaboramos las siguientes sumas sucesivas:

$$1 + 2 = 3$$
$$1 + 2 + 4 = 7$$
$$1 + 2 + 4 + 8 = 15$$
$$1 + 2 + 4 + 8 + 16 = 31, \text{ etc.}$$

Dejando de lado el 15, número no primo, formamos, luego, los números perfectos sucesivos. En efecto, siguiendo el método de Euclides, 3, 7, 31 son números primos. Los últimos términos son, respectivamente: 2, 4, 16; por lo que, al multiplicar la suma por su último término, obtenemos:

$$3 \times 2 = 6$$
$$7 \times 4 = 28$$
$$31 \times 16 = 496$$

Nota: el procedimiemto de Euclides es tal que los números perfectos encontrados son siempre pares, puesto que se multiplica por una potencia de 2. Se ignora si existen infinitos números perfectos pares. También se ignora si existen o no números perfectos impares. ¡Maravillosos interrogantes sin respuesta desde hace más de dos mil años!

Números perfectos y equilibrio de la personalidad

Los antiguos griegos llamaban a los números perfectos *arithmos téleios*, que significa algo así como «número realizado, cumplido, logrado». De acuerdo con esta consideración, nos sentimos formalmente invitados a establecer una comparación con los acontecimientos humanos y pensamos, ante los números perfectos, en personalidades homogéneas, equilibradas, mientras que la mayor parte de la gente es comparable a esos números que, a fin de cuentas, poseen un contenido menor de lo que parece a primera vista; la tercera clase de números, más raros, evoca simbólicamente esas personalidades cuya riqueza interior no percibimos de entrada. Que en la Antigüedad se hayan realizado tales comparaciones se evidencia en un hecho preciso. En la Antigua Grecia se ocupaban de pares de números constituidos de tal forma que la «falta» de uno fuese contrapesada por el «exceso» del otro. Esta particularidad aparece encarnada en los números 220 y 284, que evocaremos en detalle más adelante. Como puede establecerse fácilmente a partir de lo que precede, la suma de los divisores, o el «contenido», de 220 es el número 284, mientras que la suma de los divisores, o el «contenido», de 284 es 220. Lo que falta en contenido a uno de los números (284), lo pose en exceso el otro número (220).

Tales parejas de números se designaban de manera significativa mediante el nombre de *philoi arithmoi*, números amigos. De modo que su nombre provenía directamente de la esfera de las relaciones morales humanas. Vemos que, por todas partes, queramos o no, la manera de considerar los números por subdivisión de la unidad nos lleva más allá de sí misma, es decir que pasamos, en nuestras reflexiones, de la física de los números a su metafísica.

Icosidodecaedro (poliedro de Arquímedes) hueco, llamado también dodecaedro truncado o triacontadoedro (dibujo atribuido a Leonardo da Vinci).

3.2. LOS MISTERIOS DEL 6 Y DEL 28

La nieve habla a la blancura
un lenguaje que el arroz ignora.
EDMOND JABÈS

Los números perfectos, cuya existencia fue establecida por Pitágoras y su escuela, se encuentran en otras tradiciones, y, en especial, en los textos de la Biblia y la kábala.

En efecto, no existe la menor sombra de duda de que la tradición kabalística no sólo conoce, sino también utiliza los números perfectos, hecho del que existen testimonios desde la antigüedad más remota. Los patriarcas bíblicos los empleaban, y la formulación del texto bíblico es la prueba más pertinente de dicha utilización.

La perfección del 6

El undécimo capítulo del *Tiquné Zóhar* (uno de los libros esenciales de la kábala) enseña: «¿Qué significa la palabra *bereshit*, primera palabra del libro del Génesis? La traducción literal es "en el principio", pero la tradición kabalística descompone la palabra *bereshit* en dos y lee *bara shit*, es decir: "Creó seis"».

Para los cabalistas, el comienzo, la génesis del universo, se inicia con la creación del «seis». La estructura misma del texto resalta esta idea; en efecto, la primera palabra de la Bíblia, *bereshit*, que significa «Creó seis», se compone de seis letras.

Tal vez se comprenda, entonces, por qué la estructura del tiempo para los judíos se basa sobre la existencia del número 6.

- El mundo fue creado en 6 días. Luego viene el *shabbat*.
- El esclavo trabaja 6 años. Al séptimo es liberado.
- Se puede trabajar la tierra durante 6 años, al séptimo la tierra descansa, es la *shemita*.
- El mundo es creado por 6.000 años, el séptimo milenio será el tiempo mesiánico, etc.

La perfección de estos números no pasa inadvertida para los comentadores y teólogos cristianos. De ello dan testimonio algunos de los comentarios de san Agustín, quien decía, en *La Ciudad de Dios:* «Que Dios, aunque hubiese podido crear al mundo en un instante, había decidido consagrarle seis días, con el fin de reflejar la perfección del universo».

Además, san Agustín sugería que 6 no era un número perfecto porque Dios lo hubiera elegido, sino más bien porque la perfección era inherente a la naturaleza del universo: «6 es un número perfecto en sí mismo y no porque Dios creó todas las cosas en seis días; la verdad es más bien lo contrario; Dios creó todas las cosas en seis días porque este número es perfecto. Y seguiría siendo perfecto, incluso si el trabajo de los seis días no hubiese ocurrido».

La sabiduría del número 28

Los comentadores hebreos hacen notar que el primer versículo del Génesis posee exactamente 28 letras, es decir el segundo número perfecto. El *Libro del Zóhar* insiste permanentemente sobre esta estructura del primer versículo mediante la expresión «las 28 letras de la creación del principio» *(kaf-jet atvan de maassé bereshit).*

En otros textos se evoca extensamente el núnero 28. Vale la pena destacar que este número en hebreo se escribe *kaf-jet,* dos letras que significan la «fuerza».

La palabra *jojmá,* «sabiduría», se lee, al invertir sus dos primeras letras, *koaj-ma,* expresión que puede significar la *fuerza de qué,* es decir la «fuerza del cuestionamiento» o «¿qué del 28?», como si la interrogación sobre este número 28 fuese en sí misma una forma particular de sabiduría.

El gran comentador Rashi no se equivoca, al consagrar su primer comentario sobre el Génesis a una evocación de esta «fuerza-28». Cita allí el versículo 6 del Salmo 111 que dice *Koaj maassav higuid leamó*: «Es la fuerza [koaj, el 28] de sus acciones que cuenta a su pueblo».

Los kabalistas hicieron notar que el número de las falanges de la mano es 14. Esta cifra se escribe en hebreo: 10 + 4, es decir *yod-dalet,* precisamente la palabra *yad,* «mano».

La palabra «mano» sería así el vínculo entre el cuerpo, las cifras y las letras. La estructura anatómica del órgano (14 falanges) enuncia una cifra (14) que se convierte en letras y palabras *(yod-dalet = yad).*

Primera palabra de la Biblia en hebreo: *bereshit.*

אֱ בְּרֵאשִׁית בָּרָא אֱלֹהִים אֵת הַשָּׁמַיִם וְאֵת הָאָרֶץ:

Primer versículo de la Biblia en hebreo.

Rabbi Nahman de Braslav, maestro jasídico del siglo XIX, explica, a partir de estos comentarios, la importancia de golpear las manos durante la plegaria. En efecto, las dos manos unidas producen la suma 14 + 14 = 28.

Señalemos que la palabra *ahava* («amor»), cuando se lee de acuerdo con la «*guematria* dinámica» (ver el tercer libro sobre la *guematria*), equivale también a 28.

Efectivamente, en hebreo, *ahava* se escribe con las letras *alef-he-vet-he*. Lo que da en guematria acumulativa dinámica:

Alef	1
Alef-he	1 + 5 = 6
Alef-he-vet	1 + 5 + 2 = 8
Alef-he-vet-he	1 + 5 + 2 + 5 = 13
	Total = 28

Los 28 tiempos del mundo

Existe aún otro texto, además del primer versículo de la Torá, que nos brinda una indicación sobre la importancia del número 28. Se trata de un grupo de famosos versículos del *Eclesiastés* (*Qohélet*). Leemos al principio de su capítulo III:

Tiempo de nacer, tiempo de morir.
Tiempo de plantar, tiempo de arrancar lo plantado.

Tiempo de matar,	tiempo de curar.
Tiempo de destruir,	tiempo de edificar.
Tiempo de llorar,	tiempo de reír.
Tiempo de lamentarse,	tiempo de bailar.
Tiempo de esparcir las piedras,	tiempo de amontonar las piedras.
Tiempo de abrazarse,	tiempo de separarse.
Tiempo de buscar,	tiempo de perder.
Tiempo de guardar,	tiempo de tirar.
Teimpo de romper,	tiempo de coser.
Tiempo de callar,	tiempo de hablar.
Tiempo de amar,	tiempo de aborrecer.
Tiempo de guerra,	tiempo de paz.

La existencia humana es presentada en ocho versículos y 28 hemistiquios, 28 tiempos fundamentales que recortan lo más esencial de la vida. La versión hebrea de este texto subraya vigorosamente esta estructura de 28, presentándola según un esquema de escritura denominado *shirá* o «cántico», extremadamente raro en toda la Biblia.

3.3. LOS «NÚMEROS AMIGOS»: TALISMANES DEL AMOR

Toda palabra es una duda,
todo silencio es otra duda.
Sin embargo,
el enlace de ambas
nos permite respirar.

Todo dormir es un hundimiento,
todo despertar, otro hundimiento.
Sin embargo,
el enlace de ambos
nos permite volver a despertar.

Toda vida es una forma de evanescencia,
toda muerte, también.
Sin embargo,
el enlace de ambas
nos permite ser un signo en el vacío.

ROBERTO JUARROZ

«Imperfectos perfectos»

Ahora vamos a considerar un tipo de pares de números, para los cuales este carácter de par es particularmente importante, los números amigos (o amigables).

Tal como acabamos de ver, los griegos llamaban «perfecto» a un número igual a la suma de sus divisores. Tendieron luego a transferir esta noción de perfección de un número aislado a un par de números. Se trataba de encontrar dos números que fuesen considerados cada uno por sí mismo «imperfecto», pero cuya suma de divisores arrojase el mismo resultado.

Ejemplo: 16 y 33 son dos números de este tipo; en efecto, 16 tiene por divisores 1, 2, y 8, cuya suma da 15; 33 posee los divisores 1, 3 y 11, con el mismo resultado para su suma, 15. Lo que hace de 16 y 33 un par, es su «contenido» común, 15. Sin embargo, la «paridad» puede ir aún más lejos, estar estructurada de una manera todavía más intensa. 16 y 33 se convierten en un par, exclusivamente gracias a algo que se sitúa fuera de ellos mismos, a saber, el número 15.

La «paridad» sería aún más estrecha si el dominio común de los dos números que forman un par no tuviese que obtenerse mediante la adición de un tercer número que representa su contenido común. Esta exigencia se cumpliría si puediésemos encontrar pares de números, para los cuales la suma de los divisores de cada uno de ellos diese el otro número; es decir, si la suma de los divisores de 16 (para atenerse a nuestro ejemplo) fuese 33, y la de los divisores de 33 fuese 16. Lo que, sin duda, está lejos de ser el caso para este par de números.

Los números amigos

Pero existen números que responden a estos criterios. Se trata de los «números amigos». Los números llamados «amigos» (o «amigables») son parientes cercanos de los números perfectos que habían fascinado a Pitágoras. Están constituidos por pares de números, cada uno de los cuales es igual a la suma de los divisores del otro. Los pitagóricos habían hecho el sorprendente descubrimiento de que 220 y 284 son números amigos.

Efectivamente, los divisores de 220 son:

$$1, 2, 4, 5, 10, 11, 20, 22, 44, 55 \text{ y } 110$$

cuya suma es 284.

Por otro lado, los divisores de 284 son:

$$1, 2, 4, 71 \text{ y } 142$$

cuya suma es 220.

Por ello, el par 220 y 284 es considerado como símbolo de la amistad. En su libro *El espectáculo mágico matemático*, Martin Gardner evoca los talismanes de la Edad Media sobre los cuales estaban inscritos estos números, y que se creía favorecían en el amor a quienes los portaban. Un numerólogo árabe atestigua la costumbre de grabar 220 sobre una fruta y 284 sobre otra, comer de una y dar la otra al amado a modo de afrodisíaco matemático. Al-Farisi (1260-1320) descubrió la pareja formada por:

$$17.296 \text{ y } 18.416$$

Es conocida con el nombre de «pareja de Fermat», porque Fermat la redescubrió varios siglos más tarde, en 1836.

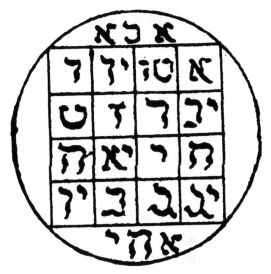

Talismán
de amor hebreo
(constante 34).

Al-Yazdi descubrió hacia 1500 la pareja:

$$9.363.584 \text{ y } 9.437.056$$

Es conocida con el nombre de «pareja de Descartes», porque Descartes la redescubrió un siglo después.

Leonhard Euler inventarió hasta sesenta y dos pares de números amigos. Extrañamente, todos habían olvidado números mucho menores. En efecto, en 1866, a la edad de dieciséis años, Niccolo Paganini descubrió el par:

$$1.184 \text{ y } 1.210$$

Los números sociables

En el siglo XX, los matemáticos llevaron la idea aún más lejos, partiendo a la búsqueda de los números llamados «sociables»; son aquellos números que van de a tres o más y forman conjuntos cerrados. Por ejemplo, en el conjunto constituido por los cinco números 12.496, 14.288, 14.536 y 14.264, la suma de los divisores del primer número forma el segundo, la suma de los divisores del segundo número forma el tercero... y la suma de los divisores del quinto forma el primero.

La construcción de los números amigos

Para poder encontrar el par 220 y 284, y otros pares más, existe una técnica complicada pero interesante, puesto que se basa en una dinámica de los tres primeros números.

En efecto, si tomamos los números 1, 2 y 3 en el conjunto que forman, en su unificación (1 + 2 + 3), se obtiene el primer número perfecto: el 6. Luego, se utiliza como siguiente material la serie de duplicaciones construidas sobre el 6:

$$6, 12, 24, 48, 96, 192\ldots$$

Y se extraen siempre dos números consecutivos; esto lleva a los pares (o dobletes) 6, 12; 12, 24; 24, 48; 48, 96; 96, 192; etc.

Luego agregamos un tercer número a cada par de números; en este tercer número, debe estar contenido cada uno de los otros dos números, es decir que se trata de su producto; de esto resultan las siguientes tríadas numéricas:

6 12	12 24	24 48	48 96
72	288	1.152	4.608

Luego, se deben transformar cada una de las tríadas en una nueva tríada, disminuyendo en 1 cada número de la tríada; así se obtienen los triples:

5 11	11 23	23 47	47 95
71	287	1.151	4.607

A partir de allí, ya no nos ocupamos más que de las tríadas, cuyos tres miembros sean números primos; por lo tanto, sólo quedan entre las tríadas de nuestro ejemplo:

5 11	23 47
71	1.151

A continuación, se hace el producto de los dos números de arriba:

55	1.081
71	1.151

Se inscribe luego debajo de todas las tríadas la serie de duplicaciones construidas sobre el número 4:

$$4 \quad 8 \quad 16 \quad 32 \quad 64$$

Y se multiplican los números precedentes por el múltiplo de 4 que le corresponda (en nuestro caso, 4 y 16):

220	17.296
284	18.416

Decir la paz y la amistad

Volvamos al par 220 y 284. Como ya dijimos, estos dos números son considerados como un símbolo de la amistad. Ahora bien, el texto bíblico menciona uno de estos dos números en un contexto en el que, a juzgar por la evidencia, funciona dentro de este marco simbólico.

«Cuando el patriarca Jacob es perseguido por su hermano Esaú que quiere matarlo, decide acogerlo e intentar reconciliarse con él. Pero a pesar de todo, se prepara para la guerra, en caso de que Esaú no acepte la reconciliación. Además, se pone a rezar y le hace llegar suntuosos regalos para crear en él una buena disposición. Estos regalos están constituidos por manadas sucesivas de animales. Las dos primeras manadas que envía están formadas precisamente por 220 cabezas.» (Cf. Génesis, 32, 14.)

Cuando los versículos no contienen números, los comentadores los obtienen permutando las letras por cifras. Cuando el texto los menciona de manera explícita, los comentadores dicen *darshenú*: «¡Interpretemos!». ¿Qué significan estos números 200 y 284? ¿Cómo fueron elegidos? ¿Qué secretos ocultan? La única respuesta aceptable es que Jacob tenía conocimiento de la tradición de la pareja de números amigos 220 y 284.

«La carta de lo tierno»

Los números 220 y 284 parecen provenir de una tradición ya conocida por los patriarcas. Pero, ¿qué sentido darles más allá de su aspecto puramente numérico? 220 se escribe en hebreo *resh-jaf*, se pronuncia *raj* y significa «tierno», «blando». 284 se escribe *resh-pe-dalet* y se pronuncia *rapad;* es una raíz hebrea que significa «tender un lecho», «preparar un lecho de amor». Encontramos esta raíz en el Cantar de los Cantares (2, 5):

Sostenedme mientras estoy desfalleciente.
Preparadme un lecho en el manzanar, pues estoy enferma de amor.[6]

Así, el envío del mensaje «220/tierno» invita a la respuesta «284/el lecho de amor ha sido preparado». La «carta de lo tierno» a veces encierra verdaderos «peligros».

---

6. Como este pasaje es de difícil interpretación, incluyo, como mera curiosidad y, al mismo tiempo, como ejemplo de la complejidad que, en ocaciones, supone la lectura más exotérica de todas, la literal, algunas versiones, sin pretender presentar ninguna resolución del problema. Dos traducciones de la Biblia en castellano dan respectivamente: «Confortadme con pasas / reanimadme con manzanas / que desfallezco de amor» y «Sustentadme con frascos / corroboradme con manzanas / porque estoy enferma de amor»; Lutero tradujo: «Me reanima con flores / y me conforta con manzanas / pues estoy enferma de amor» («Er ercquickt mich mit Blumen, und labt mich mit Äpfeln; denn ich bin krank vor Liebe»); la Vulgata traduce: «Sostenedme con flores / *rodeadme* de manzanas / porque desfallezco de amor» («Fulcite me Floribus, stipate me malis; quia amore langueo»); en esta versión, el empleo del verbo *stipo* que intenta traducir el verbo hebreo *rapad* es bastante extraño, y su sentido es difícil de precisar. Una versión francesa da: «Hagan que me vuelvan las fuerzas con licores / háganme un lecho de manzanas / pues desfallezco de amor» («Faites-moi revenir les forces avec des liqueurs, faites-moi un lit de pommes; car le me pâme d'amour»); y la versión inglesa del Rey James: «Sustentadme con pasas / confortadme con manzanas, porque estoy enferma de amor» («Stay ye me with raisins, confort me with apples, for I am sick of love»). Gran parte de la dicifultad que impide determinar una interpretación precisa del pasaje estriba en el valor del verbo citado por el autor. Para ilustrar mejor al lector sobre el modo «kabalístico» de lectura del autor, incluyo información lexicológica sobre esta raíz verbal, tomada de dos renombrados dicionarios de hebreo: el Diccionario de Even Shoshan define el verbo *rapad* en su forma básica como tender o extender *(ravad, shataj, paras);* en su forma *piel* lo define como: 1) tender o colocar el colchón a la cama *(hitzia matza lemishcav),* luego agrega los mismos valores que en la forma básica o *pal;* 2) cubrir los muebles de una morada (silla, sofá, sillón) con tela *(tzipa rahitey-moshav vearig);* el Diccionario Bíblico de Oxford da el mismo valor para la forma básica *pal;* en cambio para la piel propone: tender, extender un lecho o cama, luego, extender un apoyo o soporte *(support),* y de allí interpreta este pasaje como, «susténtenme o confórtenme con manzanas» («*support* me with apples»). *(N. del T.)*

Los números antropomórficos, grabado del siglo XIX.

4. Pasión por los triángulos

4.1. NÚMEROS TRIANGULARES

La geometría no puede definir
ni el movimiento ni los números ni el espacio;
y sin embargo estas tres cosas son
las que ella considera especialmente.

BLAISE PACAL

Los griegos se distinguieron por una idea totalmente extraordinaria: servirse del espacio para representar los números. La idea geométrica consiste en proyectar en el espacio las diversas realidades matemáticas. Si en lugar de escribir los números mediante un sistema de numeración, se los representa por grupos de puntos, se descubren propiedades aritméticas asombrosas. Se puede así imaginar el número —al igual que cualquier principio abstracto— como una realidad tangible: se puede, si no materializarlo, al menos visualizarlo.

Los pitagóricos representaban los números simples bajo la forma de disposiciones de puntos en el espacio, sin duda por analogía con la disposición de las estrellas. Esta «aritme-geometría» les permitía distinguir varias familias, además del número puntual único «•», que como antepasado común de todos los grupos pertenece a todos ellos.

Los números lineales

• • •

(número 3)

• • • • •

(número 5)

Los números triangulares «T»

Números	RANGOS				
	1	2	3	4	5
Triangulares	•				

El principio de esta disposición en triángulo —que a veces también se denomina «suma teosófica»— permite determinar, en numerología, por ejemplo, el valor secreto de un número, es decir el total de lo que contiene de aparente y de oculto.

Por ejemplo, el número 4 contiene: 1, 2, 3 ocultos y 4 aparente.

Estos números triangulares se denominan *números sagrados*.

De manera general, se puede calcular el valor secreto de un número de acuerdo con la regla siguiente: si n es el número de base, su número triangular T responde a la fórmula:

$$T = \frac{n\,(n+1)}{2}$$

Ejemplo:
para n = 3

$$T = \frac{3\,(3+1)}{2} = \frac{12}{2} = 6$$

Los números cuadrados

Números	RANGOS				
	1	2	3	4	5
Cuadrados	•				

Una curiosa propiedad geométrica permite obtener un número cuadrado agregando a otro cuadrado un número impar «en escuadra».

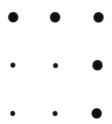

Así, los números cuadrados sucesivos se construyen encastrando unas en otras series de escuadras, lo que los pitagóricos denominaban «gnomon», literalmente «que conoce o discierne».

Es importante e interesante señalar que un número cuadrado se descompone en dos números triangulares diferentes sucesivos, mientras que un número rectangular (o *heterómekes*, es decir de largo diferente) contiene dos números triangulares idénticos.

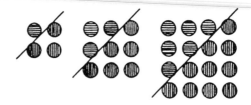

Si designamos K al número cuadrado (algunos escriben C), tenemos la siguiente fórmula:

$$K1 = 1^2 = T1$$
$$K2 = 2^2 = T1 + T2$$
$$K3 = 3^2 = T2 + T3$$

Los números poligonales

Los números triangulares y cuadrados o rectangulares que acabamos de ver dibujan figuras básicas que constituyen polígonos cuando están más allá del punto que se denomina figura de rango 1. Así, sobre la figura del triángulo se construyen los números triangulares, y sobre el cuadrado, los números cuadrados; de este modo tendremos, sucesivamente, números pentagonales (5), hexagonales (6), heptagonales (7), etc.

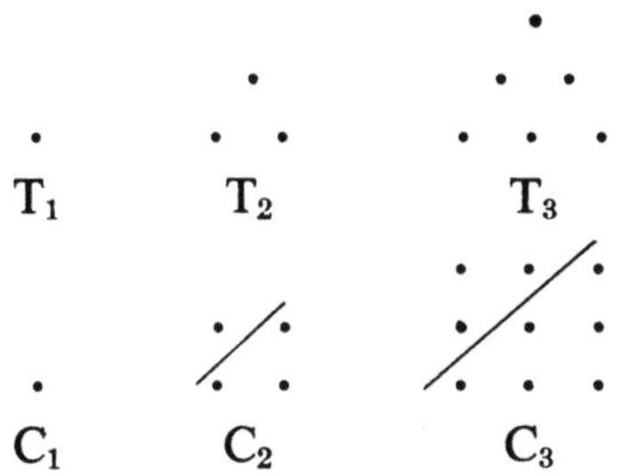

$$C_1 = T_1$$
$$C_2 = T_1 + T_2$$
$$C_3 = T_2 + T_3$$

La tabla siguiente da los primeros números poligonales (en cifras):

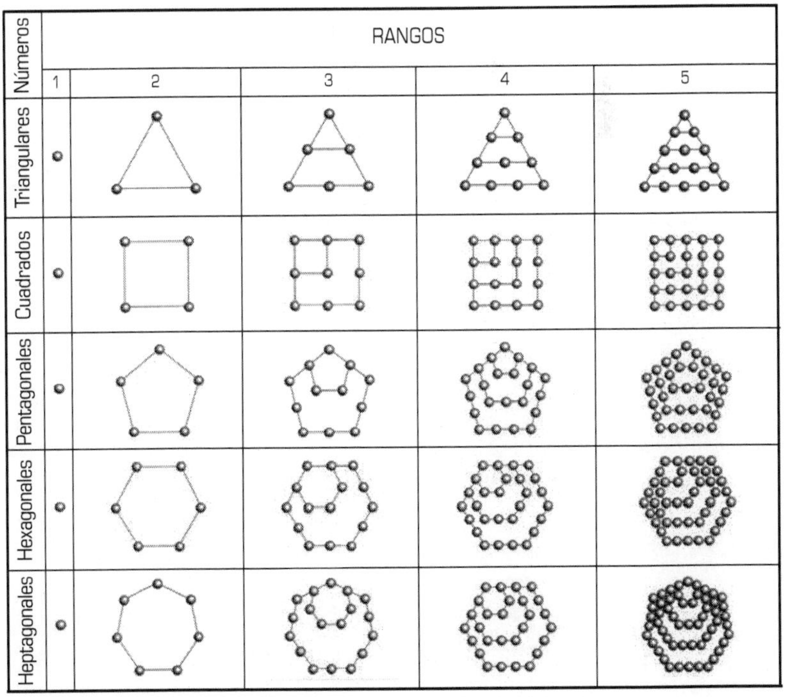

Números	RANGOS				
	1	2	3	4	5
Triangulares					
Cuadrados					
Pentagonales					
Hexagonales					
Heptagonales					

RANGO	1	2	3	4	5	6	7	8	9	10
Triangular	1	3	6	10	15	21	28	36	45	55
Cuadrado	1	4	9	16	25	36	49	64	81	100
Pentagonal	1	5	12	22	35	51	70	92	117	145
Hexagonal	1	6	15	28	45	66	91	120	153	190

Existen fórmulas matemáticas para cada número poligonal. Más arriba indicamos la fórmula de los números triangulares, a continuación ofrecemos, como ejemplo, la de los números pentagonales:

Si n es el número natural de base, su número pentagonal P responde a la fórmula:

$$p = \frac{n(3n-1)}{2}$$ Ejemplo: si $n = 3$, $p = \frac{3(9-1)}{2} = 12$

Algunas propiedades de los triangulares

La suma de los n primeros cubos es el cuadrado del n-ésimo número triangular. Por ejemplo, la suma de los 4 primeros cubos es igual al cuadrado del 4.º número triangular: $1 + 8 + 27 + 64 = 10^2$

Las sumas de números triangulares revelan numerosos motivos interesantes:

$$T1 + T2 + T3 = T4$$
$$T5 + T6 + T7 + T8 = T9 + T10$$
$$T11 + T12 + T13 + T14 + T15 = T16 + T17 + T18$$

15 y 21

15 y 21 constituyen el par menor de números triangulares cuya suma y diferencia (6 y 36) también son triangulares.

A propósito de 15 y 21, podemos señalar que son los valores numéricos respectivos de los dos nombres de Dios:

Yah (yod-he) y EHYeH (alef-he-yod-he)
$$10 + 5 = 15 \text{ y } 1 + 5 + 10 + 5 = 21$$

Los descubrimientos de Gauss

Todo número puede expresarse como la suma de, como máximo, tres números triangulares.

Karl Friedrich Gauss, un matemático alemán con alma de filósofo, llevó a lo largo de toda su vida un diario. Su frase más famosa, con fecha del 10 de julio de 1796, es sin duda la línea aislada:

$$\text{Eureka} = \Delta + \Delta + \Delta$$

Que significa que había descubierto que todo número puede expresarse como la suma de tres números triangulares.

Palíndromos

Existen números triangulares excepcionales, como los triángulos palíndromos, es decir que se leen de la misma manera de izquierda a derecha que de derecha a izquierda:

$$666 \text{ y } 3.003$$

O también el 2.662.º número triangular, que es el 3.544.453, que tanto él como su índice son palíndromos.

El matemático Charles Trigg descubrió que T1111 y T111111 también son, al igual que sus índices, números palíndromos.

Un comentario sobre la relación entre los números cuadrados y los triangulares:

$$617.716 \text{ y } 6.172.882.716$$

Puede verse fácilmente que el cuadrado de un número par es par y el de un número impar es impar.

Así: $2^2 = 4$ número par
$3^2 = 9$ número impar
$4^2 = 16$ número par
$5^2 = 25$ número impar
$6^2 = 36$ número par
$13^2 = 169$ número impar

Fue Diofanto, un pitagórico que vivió doscientos años después de Pitágoras, quien enunció la siguiente ley:

> Todo número cuadrado impar es igual a la suma de ocho números triangulares más la unidad.

$$K = 8\,T + 1$$

Podemos verificarla con 9, 25 y 169, por ejemplo.

Si consultamos la tabla de números triangulares, notaremos que el primer número es 1.

9 es el cuadrado de 3, es igual a (recordemos que $T_1 = 1$):

$$9 = 8\,T_1 + 1$$

$$9 = (8 \times 1) + 1$$

25 es el cuadrado de 5, es igual a: (recordemos que $T_2 = 3$)

$$25 = 8\,T_2 + 1$$

$$25 = (8 \times 3) + 1$$

169 es el cuadrado de 13, es igual a (recordemos que $T_6 = 21$):

$$169 = 8\,T_6 + 1$$

$$169 = (8 \times 21) + 1$$

Obsérvese el diagrama siguiente. Posee 169 cuadrados pequeños que representan el número K = 169 que es un número cuadrado impar ($13^2 = 13 \times 13$). Un pequeño cuadrado negro está ubicado en el centro de la figura y los otros están agrupados en 8 «triángulos» rectángulos. Uno de estos triángulos está coloreado.

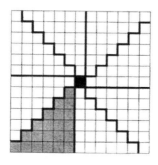

Los números poligonales

Los números triangulares o cuadrados son números que existen y se visualizan en el plano. Existen números cuya existencia geométrica es de tres dimensiones: los números poliédricos.

Existen cinco poliedros regulares:

Símbolos	Nombres	Número de caras F	Número de aristas A	Número de vértices S	Naturaleza de las caras
T	Tetraedro	4	6	4	P_3 = Triángulo equilátero
C	Cubo	6	12	8	P_4 = Cuadrado
O	Octaedro	8	12	6	P_3 = Triángulo equilátero
D	Dodecaedro	12	30	20	P_5 = Pentágono
I	Icosaedro	20	30	12	P_3 = Triángulo equilátero

El número poliédrico más conocido es el cubo.

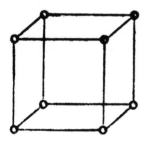
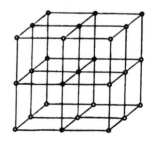

4.2. EL TRIÁNGULO DE PITÁGORAS

También el infinito
tiene un derecho y un revés.
Los dioses están siempre al derecho,
aunque a veces se acuerden del otro lado.
El hombre está siempre al revés
y no puede acordarse de otra parte.

Pero también el infinito
Suele dar vueltas en el aire
como una moneda,
que no sabemos quién arroja
con sus giros de sarcásticas guiñadas.
Y así cambian a veces los papeles,
pero no seguramente la memoria.
El hombre es el revés del infinito,
aunque el azar lo translade un instante,
al otro lado.

ROBERTO JUARROZ

De todos las relaciones entre los números y la naturaleza estudiadas por la Fraternidad Pitagórica, la más importante es aquella que lleva el nombre de su fundador: el teorema de Pitágoras.

Éste ofrece una ecuación que se aplica a todos los triángulos rectángulos y que, como tal, define al mismo ángulo recto. A su vez, el ángulo recto define la perpendicular, es decir, la relación de la vertical a la horizontal y, por último, las relaciones entre las tres dimensiones de nuestro universo familiar. Gracias al ángulo recto, los matemáticos definen la estructura misma del espacio en que vivimos.

La cuerda con nudos

Fue, sin duda, durante uno de sus viajes que Pitágoras conoció la cuerda con nudos.

Vale la pena recordar que los primeros instrumentos de medición identificados aparecen con la geometría en Mesopotamia y Egipto, siendo el más conocido la cuerda de doce nudos, utilizada por los constructores de las pirámides. De un largo total ligeramente

superior a seis metros, estaba dividida en doce segmentos iguales
que medían un codo cada uno,

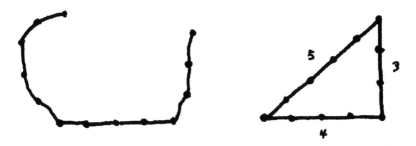

distancia que hay desde el codo hasta la punta del dedo mayor y
que representa aproximadamente 50 centímetros. El número 12 se
debe a una base doce utilizada en Mesopotamia. Esta soga, colocada de tal modo que forme un triángulo, cuyos lados correspondan
respectivamente a 3, 4, y 5 segmentos (triángulo egipcio), permite
determinar el ángulo recto, porque el triángulo así formado es un
triángulo rectángulo. Esta aclaración es importante, puesto que explica el gran interés de esta forma y estas medidas.

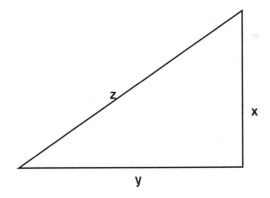

Una fórmula simple

Todos los triángulos rectángulos verifican el teorema de Pitágoras.
Se mide el lado más largo de un triángulo rectángulo, z, que se
denomina hipotenusa, y se eleva su valor al cuadrado. El resultado
más notable de esta operación es que z^2 será siempre igual a la
suma de los cuadrados de los otros dos lados x e y.

En un triángulo rectángulo, el cuadrado de la hipotenusa es igual a la suma de los cuadrados de los dos lados del ángulo recto.

En otras palabras (o más bien en otros símbolos):

$$x^2 + y^2 = z^2$$

¿Qué novedad?: la noción de demostración matemática

El teorema de Pitágoras no es de Pitágoras. Mucho antes que él, los egipcios y, sobre todo, los babilonios habían descubierto una cierta relación que unía tríadas de números enteros, precisamente la misma relación que enuncia el célebre teorema.

Sobre una tablilla babilonia, la tablilla Plimpton 322, por el nombre del arqueólogo inglés que la descubrió, un escriba consignó una quincena de tríadas de números enteros. En estos grupos, puede constatarse que la suma de los cuadrados de dos de esos números es igual al cuadrado del tercero. La tablilla fue grabada más de mil años antes del nacimiento de Pitágoras.

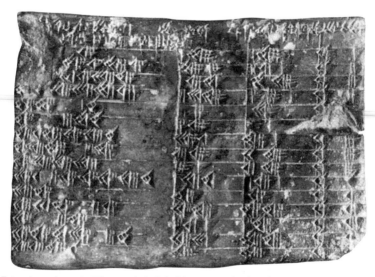

Entre las ruinas de Nippur, ciudad de Mesopotamia situada al sur de Bagdad, se encontró una tablilla, la «Plimpton 322», de aproximadamente 4.000 años de antigüedad (hacia 1900 a. C.), sobre la cual hay inscritas una quincena de tríadas de números, que verifican la famosa relación de Pitágoras.

¿En qué constituye, entonces, el teorema de Pitágoras una novedad y un acontecimiento tan extraordinario para las matemáticas y la civilización en general? De hecho, lo notable es que el teorema de Pitágoras es verdadero para todos los triángulos rectángulos imaginables. Es una ley matemática universal. Expresado de manera inversa, si un triángulo se conforma al teorema de Pitágoras, es un triángulo rectángulo.)

La novedad de Pitágoras es la prueba que aporta de la universalidad de estas propiedades del triángulo rectángulo. Porque los predecesores de Pitágoras utilizaban propiedades del triángulo rectángulo, pero no sabían que estas propiedades eran válidas para todos los triángulos rectángulos. Éstas se aplicaban sin duda a los triángulos que ellos consideraban, pero no disponían de ninguna demostración para el resto de los triángulos.

La razón por la cual Pitágoras pudo reivindicar este teorema es porque él demostró su validez universal. Y la razón de esta certeza reside en el concepto de demostración matemática.

La idea de la prueba o demostración matemática clásica tiene su origen en una serie de axiomas, proposiciones de las que es posible suponer que son verdaderas o evidentes. Así, el razonamiento lógico permite llegar, paso a paso, a una conclusión. Si los axiomas y la lógica son correctos, la conclusión será irrefutable. Esta conclusión es el teorema.

Las pruebas matemáticas se fundan sobre este proceso lógico y, una vez establecidas, siguen siendo válidas hasta el fin de los tiempos.

Si bien el filósofo Tales ya había presentado algunas pruebas geométricas elementales, Pitágoras llevó la idea mucho más lejos y pudo enunciar proposiciones matemáticas mucho más ingeniosas.

La demostración de la prueba del teorema de Pitágoras fue tan sensacional que se sacrificaron cien bueyes a los dioses como muestra de agradecimiento. La demostración marcó una gran etapa en la historia de las matemáticas y constituyó uno de los logros más memorables en la historia de la civilización. Su significación era doble. En primer lugar, desarrolló el concepto de prueba: un resultado matemático revestía una verdad más profunda que cualquier otro, porque procedía de una lógica deductiva. En segundo lugar, el teorema de Pitágoras unía el método abstracto matemático a un objeto concreto: Pitágoras mostraba que la verdad matemática puede aplicarse al mundo científico y brindarle un fundamento lógico.

¡El nacimiento de las tríadas!

Ya hemos indicado anteriormente que el teorema de Pitágoras era conocido desde hacía mucho tiempo.

Para una determinada tríada de números, se deducen de inmediato una infinidad de tríadas distintas, multiplicando cada número por la serie de números naturales. Ciertas tríadas babilónicas provenían de esta generalización inmediata de la tríada estándar (3, 4, 5) según la cual 9 + 16 = 25 ($3^2 + 4^2 = 5^2$). También se pueden obtener muy fácilmente las siguientes tríadas: (6, 8, 10), (12, 16, 20) (24, 32, 40), etc.

Sin olvidar la solución «banal»: (1, 0, 1).

Otras tríadas son menos fáciles de construir. Algunas se obtienen mediante la fórmula:

$$a^2 + (a + 1)^2 = b^2$$

Por ejemplo, las tríadas 119, 120, 169 y 20, 21, 29.

Cuboctaedro (poliedro de Arquímedes) hueco
(dibujo atribuido a Leonardo Da Vinci).

4.3. EL TRIÁNGULO DE ISIS

Dado un muro,
¿qué sucede del otro lado?
JEAN TARDIEU

El «número nupcial» o «el número»

Los números 3, 4, 5 eran muy populares en la Antigüedad, en especial entre los sumerios y los babilonios.

La gran unidad babilónica, el *sar* (el «círculo»), obtenido al elevar al cuadrado la base 60, o sea 3.600, y que originariamente representaba para los escribas el gran número, es decir el infinito (como el 20.000 para los hindúes), dio lugar, más tarde, al gran *sar:* 60?, o sea, 216.000 (que a su vez dio lugar al *sar* de *sar:* 60^4, o sea, 12. 960.000), es decir «*el* número», o «número nupcial», bajo su forma aritmética $3^2 + 4^2 + 5^2$.

El número nupcial y el triángulo sagrado de Isis

De modo que el número nupcial está ligado al triángulo sagrado 3, 4, 5, que es una variedad de otro triángulo sagrado egipcio más antiguo, llamado «isíaco», en referencia a Isis, tal como refiere Plutarco en el capítulo 56 de su libro *Sobre Isis y Osiris:* «Uno conjeturaría que los egipcios honran al más bello de los triángulos, equiparando sobre todo a él la naturaleza del todo, como también Platón parece haberlo utilizado en la *República*, al componer el diagrama matrimonial. Pues aquel triángulo tiene de tres su lado hacia arriba y de cuatro la base, y cinco la hipotenusa, igual, elevada al cuadrado, que los lados (que abrazan el ángulo). De modo que el (lado) hacia arriba podría ser equiparado al hombre, la base a la mujer, y la hipotenusa al vástago de ambos, y a Osiris como principio, a Isis como receptáculo, y a Horus como resultado...»

De modo que podemos constatar una vez más que el triángulo rectángulo de lados iguales o proporcionales a 3, 4, 5 fue conocido desde la más remota antigüedad (ya se encuentra mencionado entre los sumerios), pero fue en Egipto que adquirió mayor popularidad.

Este triángulo llamado «isíaco» servía materialmente para trazar los ángulos rectos, y metafísicamente para evocar la trinidad egipcia Osiris, Isis y su hijo Horus.

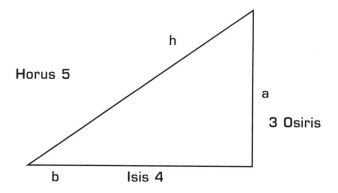

Los pitagóricos dieron a la hipotenusa de este triángulo el nombre de «invencible» o «dominadora». Los números 3, 4, 5, que expresan sus lados, están ligados al número perfecto 6, por la relación de perfección cúbica $3^3 + 4^3 + 5^3 = 6^3$. Los egipcios conocían esta relación.

El pitagórico judío, Filón de Alejandría (segunda mitad del siglo I d. C.), refiere en su *De Vita Contemplativa* que los Terapeutas, ascetas de una secta judeopitagórica, celebraban asamblea cada 7 y 50 días, porque 7 es el número virgen, y 50 es la suma de los cuadrados construidos sobre el triángulo sagrado ($3^2 + 4^2 + 5^2 = 50$), al igual que el producto de la péntada (5) por la década (10), es decir del microcosmos por el macrocosmos.

En cuanto a la trinidad —Isis, Osiris, Horus—, su leyenda escrita es tan vasta como su iconografía. El culto de Isis, «la bella diosa» con su tocado de cuernos de vaca que simbolizan la luna creciente, fue el más popular y constante de todos los cultos egipcios. Conquistó progresivamente todo el Mediterráneo, extendiéndose primeramente por Grecia, donde Isis fue asimilada a Démeter-Hera-Perséfone, y luego por la Galia, sufriendo múltiples mutaciones. Ciertas sectas alejandrinas de la época tardía asimilaron la Virgen María, madre de Cristo, a Isis, y su culto, acompañada por su esposo Osiris y su hijo Horus, a veces, fue comparado (salvando las distancias) a lo que representa la trinidad para los cristianos.

Es nuevamente Plutarco quien nos informa sobre el culto consagrado a la diosa:

«Además, durante el solsticio de invierno conducen a la vaca siete veces alrededor del templo del Sol... declarando que Isis no es otra que la Luna; por lo que sus estatuas que portan cuernos son imitaciones de la luna creciente, y en los vestidos negros se manifiestan los ocultamientos y oscurecimientos en los que, anhelante, persigue al Sol. Por esto también en las cosas del amor invocan a la Luna y Eudoxio [Eudoxio de Cnido, 409-356 a. C., astrónomo y matemático griego] dice que Isis preside las cosas del amor... Pues Isis es lo femenino de la naturaleza y lo receptivo de todo nacimiento, de tal modo que Platón la llama la nodriza y la que todo recibe [en su seno]... Siente un amor innato por el primero y más poderoso de todos, que es el mismo que el bien, y a aquel desea y persigue... inclinándose siempre hacia lo mejor y ofreciéndose a él para engendrar y para que él esparza en ella efluvios y semejanzas, con las que se alegra y una vez embarazada se deleita de cuanto en ella se genera, puesto que imagen del ser en la materia es el nacimiento e imitación de lo que es aquello que nace.» (Plutarco, *ibid.* 52-53.)

4.4. PITÁGORAS, FERMAT Y WILES

*La nueva pretensión del saber
es la pretensión matemática.
Es de Kant que proviene la frase
frecuentemente citada pero poco comprendida aún:
«Afirmo que en cada teoría particular de la naturaleza
no puede hallarse ciencia propiamente dicha
sino en la medida en que en ella haya matemática».*

MARTIN HEIDEGGER

Fermat

Pierre de Fermat es el fundador de la teoría de números, rama de la matemática que trata de las propiedades de los números enteros. Nacido en 1601, cerca de Toulouse, Fermat vivió en el sur de Francia, muy lejos de los grandes centros intelectuales europeos. No era un matemático profesional, sino un magistrado cuyos trabajos matemáticos no fueron publicados en vida del autor. Participó de la vida matemática de su época únicamente a través de una correspondencia privada con otros estudiosos. Fermat enunció gran cantidad de teoremas interesantes que sólo fueron demostrados muchos años después de su muerte.

Fermat fue uno de los matemáticos más brillantes y sorprendentes de la historia. No podría haber verificado todos los números, sino que la razón de su certeza de que no existía solución en números enteros para la ecuación $x^n + y^n = z^n$ si $n > 2$, debía fundarse en una demostración, al igual que Pitágoras, que no había verificado todos los triángulos para demostrar la validez de su teorema. Una nota en latín confirma este hecho, ya que Fermat escribió en el margen de su versión latina de la *Arithmetica* de Diofanto de Alejandría (quien vivió hacia el 250 a. C.): «Tengo una demostración verdaderamente maravillosa de esta proposición, que este margen es demasiado pequeño para contener».

Es esta conjetura la que se denomina «el gran teorema de Fermat». Este teorema es uno de los problemas más famosos de las matemáticas modernas. Y las inteligencias más poderosas de todos los siglos y de todas las naciones intentaron encontrar la solución de esta ecuación. Leonhard Euler, genio del siglo XVIII, debió admitir su derrota. En el siglo XIX, Sophie Germain adoptó la identidad

Pierre de Fermat
(1601-1665).

de un hombre para lanzarse a estudios hasta ese momento prohibidos a las mujeres. Évariste Galois, la víspera de su fallecimiento, escribió sobre unas hojas una teoría (ver el glosario de nombres propios) que terminaría por revolucionar la ciencia. Yutaka Taniyama se suicidó por despecho mientras que Paul Wolfskehl encontró en este enigma una razón para vivir.

Andrew Wiles

Finalmente, en 1933, «un joven inglés, Andrew Wiles, profesor de Princeton, logró solucionar, después de siete años de investigación solitaria y algunos meses de duda, este fantástico problema, frente a una comunidad científica maravillada». (Simon Singh, *El enigma de Fermat,* Planeta, Barcelona, 2003.)

Según los biógrafos, el último teorema de Fermat había cautivado la imaginación del joven Andrew Wiles, quien había descubierto este enigma en un libro de matemáticas, *Le Problème ultime*, de E. T. Bell.

«Sentado en la sala de la Milton Road Library, un muchacho de diez años se enfrentaba con el peor problema de las matemáticas. Por lo general, la mitad de la dificultad consiste en comprender el problema, pero en este caso era simple: "Probar que no existe solución en números enteros para la ecuación $x^n + y^n = z^n$ si $n > 2$". Insensible al hecho de que los grandes genios se habían enfrentado infructuosamente con este problema, Wiles se puso de inmediato a trabajar, utilizando todas las técnicas de sus libros de clase para intentar construir la demostración. Tal vez lograra encontrar alguna sutileza que todo el mundo, a excepción de Fermat, había pasado por alto. Soñaba con sorprender al mundo.

»Treinta años más tarde, Wiles estaba listo. En el Auditorio del Isaac Newton Institute, después de varias horas de demostración, garabateó una última ecuación sobre el pizarrón negro e, intentando reprimir una expresión de triunfo, se volvió hacia el auditorio. La conferencia alcanzaba su punto culminante y el público lo sabía. Una o dos personas habían introducido subrepticiamente cámaras en la sala y los flashes puntuaron la conclusión de Wiles.

Andrew Wiles.

»Con la tiza en la mano, se volvió una última vez hacia el pizarrón negro. Unas líneas de lógica concluyeron la demostración. Por primera vez, en más de tres siglos, el desafío de Fermat había sido revelado. Destelló la luz de otros flashes para fijar este momento histórico. Wiles escribió el último teorema de Fermat, se volvió hacia el auditorio y dijo modestamente: "Creo que me detendré aquí".

»Doscientos matemáticos aplaudieron y vitorearon. Incluso quienes se atenían al resultado sonrieron de incredulidad. Después de tres décadas, Wiles había realizado su sueño.» (S. Singh, *op. cit., ibid.*)

4.5. EL TRIÁNGULO DE PASCAL

El mundo para nosotros se volvió infinito,
en el sentido de que no podemos
rehusarle la posibilidad de prestarse
a una infinidad de interpretaciones.

FRIEDRICH NIETZCSHE

Si bien es cierto que el triángulo sagrado y el teorema de Pitágoras captaron la atención de los matemáticos y los metafísicos, existe otra triángulo igual de importante y que comporta infinidad de propiedades descubiertas y comentadas por la teoría de números. Se trata del «triángulo de Pascal». Las siete primeras líneas del triángulo de Pascal se representan por:

```
1                                  1
1 1                o              1 1
1 2 1                           1 2 1
1 3 3 1                        1 3 3 1
1 4 6 4 1                    1 4 6 4 1
1 5 10 10 5 1            1 5 10 10 5 1
1 6 15 20 15 6 1      1 6 15 20 15 6 1
```

Blaise Pascal (1623-1662), genial físico, filósofo y matemático francés, y, ¿sabían ustedes?, inventor de la carroza de ocho plazas, primer transporte comunitario de París (al precio de 5 soles), creado en 1662.

En 1653, Blaise Pascal fue el primero en Occidente en escribir un tratado sobre esta progresión de números.

Observemos el triángulo de la derecha de la página precedente. Podemos ver que cada entrada distinta a 1 es la suma de los dos números de arriba. Por ejemplo, para obtener el 2 de la tercera línea, sumamos los dos 1 de la segunda línea. Para obetener el 6 de la última línea, sumamos el 5 y el 1 de la sexta línea. Esta operación se repite indefinidamente.

Existen muchos esquemas fascinantes en este triángulo. Por ejemplo, si comenzamos por cualquier 1 del lado izquierdo, y consideramos la diagonal ascendente, descubriremos que la suma da un número de Fibonacci (serie de Fibonacci, 1, 1, 2, 3, 5, 8, 13..., en la que cada número es la suma de los dos anteriores).

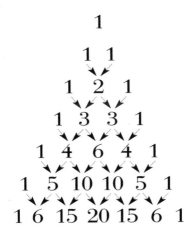

$$1 = 1$$
$$1 + nada = 1$$
$$1 + 1 = 2$$
$$1 + 2 = 3$$
$$1 + 3 + 1 = 5$$
$$1 + 4 + 3 = 8$$
$$1 + 5 + 6 = 13$$

Nota: una diagonal de cada dos termina en 1, la otra en la serie de números 1, 2, 3, 4, 5... Muchos investigarores descubrieron formas geométricas fascinantes en las diagonales, además de los cuadrados perfectos con muchas propiedades hexagonales. También extendieron el triángulo a los enteros negativos y a dimensiones superiores.

Los gráficos obtenidos por medio de computadoras constituyen un buen método para resaltar las soprendentes formas internas del triángulo de Pascal.

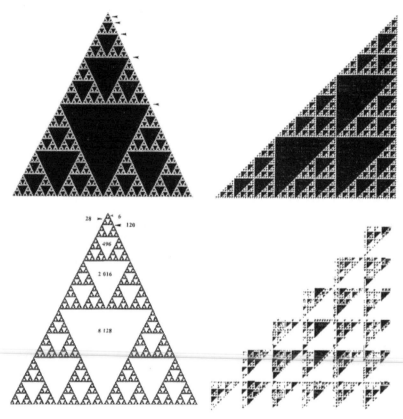

Sorprendentes formas internas del triángulo de Pascal obtenidas por computadora. Tomado de Pickover, *El prodigio de los números* y *La maravilla de los números* (op. cit.).

Es importante señalar que este famoso triángulo ya era conocido por los árabes (Omar Khayyân menciona el diagrama alrededor del año 1100) y por los chinos, tal como testimonia el triángulo del estudioso matemático chino Zu Shi Jie, quien publicó en 1303 una obra donde aparece el siguiente diagrama:

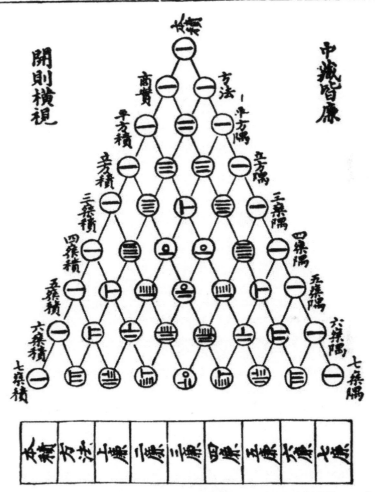

Página tomada de la obra titulada *Su yuan zhian* y publicada en 1303, por el matemático chino Zu Shi Jie. Tomado de Needham, *op. cit.*, retomado por Jouven, *Les Nombres cachés*, p. 107.

4.6. EL NÚMERO ÁUREO

*El maravilloso consuelo
de encontrar todo el mundo en un alma,
toda mi especie
en la criatura amada que abrazo.*

FRIEDRICH HÖLDERLIN

El número áureo de generación en generación

El número áureo es un número que permite realizar construcciones armoniosas y equilibradas y que se encuentra en la naturaleza y en muchas relaciones matemáticas y geométricas.

Los egipcios utilizaron el número áureo, adjudicándole el valor de 1,614. Se lo encuentra, entre otras construcciones, en la pirámide de Keops y en el templo de Luxor.

El triángulo «1, 2, $\sqrt{5}$»

Existe un triángulo rectángulo, muy fácil de construir: aquel que tiene en su cateto más corto 1 y en su cateto más largo 2. La hipotenusa mide entonces $\sqrt{5}$; es decir que no es, como en el triángulo de Pitágoras un número entero.

En efecto, en el triángulo de Pitágoras, los catetos miden 3 y 4, y la hipotenusa 5.

Si tomamos como base nuestro sistema métrico y nuestros procedimientos de cálculo actuales, tenemos:

Cateto menor: 1
Cateto mayor: 2
Hipotenusa: $\sqrt{5}$ = 2,236
Total: 5,236

El codo real

Observemos aquí la dimensión del codo «real» egipcio: 0,5236 metros.

Nota: es interesante señalar que las medidas antiguas se basaban, por lo general, en las dimensiones de un determinado personaje: rey o emperador. El pie en Francia, por ejemplo, era la medida del pie, bastante grande, de Carlomagno, o sea 0,324 m, y se denominaba «pie de rey».

El largo del codo, según la época y el país, fue muy variable, oscilando entre 0,442 y 0,720 m.

En Egipto se empleaban dos codos diferentes: el codo real, que acabamos de mencionar y que se dividía en 7 palmos, y el codo pequeño, que sólo tenía 6 palmos, y cuya medida era de 0,450 m.

El codo real y el número áureo

La mitad del codo real es el pie: 0,2618.

Así descubrimos que:

- 2,618 menos 1 (codo pequeño) = 1,618
- 2,618 menos 2 (codo real) = 0,618

Ahora bien, 1,618 es el famoso «número áureo» = Phi, y 0,618, su inverso 1/Phi.

Los griegos

En Egipto, el número áureo formaba parte de los conocimientos secretos de los sacerdotes. Fue Euclides quien descubrió su demostración geométrica.

Los griegos, que lo emplearon en la construcción del Partenón, atribuían el descubrimiento del número áureo a Pitágoras.

En 1225, Fibonacci enunció el valor del número áureo (1,618), y, por lo general, es esta medida la que se toma en cuenta.

Generalmente, este número áureo constituye la clave del equilibrio de un cuadro o de una construcción. Los pintores del Renacimiento, como Tiziano y Miguel Ángel, lo utilizaron en sus obras.

El frontispicio real de la catedral de Chartres es un maravilloso ejemplo de su uso artístico.

Detalle del frontispicio principal de la catedral de Chartres.

Rogier van der Weyden (1400-1464), *Descendimiento de la cruz*, 1435. Este cuadro fue realizado según una organización muy precisa, en torno al número áureo.

De las cofradías a Le Corbusier

En la Edad Media, las cofradías, los gremios, las hermandades y la francmasonería se transmitían este conocimiento, que aplicarían en la construcción de las catedrales. Si muchos arquitectos, como Le Corbusier, utilizaron deliberadamente las propiedades del número áureo en sus obras, hay artistas que, sin duda, lo hicieron sin ninguna premeditación, por un puro instinto de armonía.

En un cuerpo humano de proporciones armónicas, la distancia del ombligo hasta el suelo multiplicada por 1,618 da su altura total.

El módulo Phi (φ) se encuentra presente en las medidas del huevo y del pentágono regular (ver debajo).

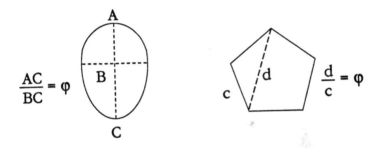

Algunos teóricos hallaron el número áureo en el esqueleto humano, incluso en la sangre, y declararon que nuestro cuerpo está construido conforme a este guarismo sagrado. Platón iba aún más lejos, al pretender que el pensamiento humano, al calcular el número áureo, había alcanzado uno de los cánones utilizados por Dios cuando decidió crear el universo.

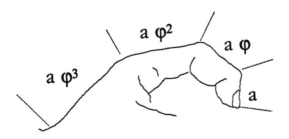

El número áureo, una presencia universal

Este número áureo era al mismo tiempo el preferido de la naturaleza y de los artistas, lo que, a su vez, confirmaba la teoría de Pitágoras, quien sostenía que precisas relaciones númericas unían armónica e inseparablemente la música, la belleza, la arquitectura, la naturaleza y el cosmos. De acuerdo con sus ideas, el número áureo reinaba en el universo, y lo que era verdad para los pitagóricos pronto se convirtió en verdad para todo el mundo occidental: el vínculo sobrenatural entre las matemáticas, la música, la estética, y la estructura del universo siguió siendo, durante mucho tiempo, uno de los dogmas principales de la civilización occidental.

En las época de Shakespeare, los científicos aún hablaban de la revolución de esferas de diferentes tamaños y discutían sobre la música celestial que se propagaba por todo el cosmos.

En el arte

Es posible encontrar la presencia de Phi en la geometría y también en las artes.

Numerosas son las estatuas antiguas cuyas proporciones, al ser estudiadas, se revelan o bien calculadas directamente según el número áureo, o bien de acuerdo con una de las series de Fibonacci. En los bosquejos de Leonardo da Vinci abundan tales referencias. Lo mismo sucede con objetos menos importantes y espectaculares que los del arte estatuario, pero igual de artísticos, como pueden serlo, por ejemplo, las ánforas antiguas, o incluso ciertos accesorios de culto.

Un gran número de cuadros de importantes maestros de la pintura, en especial del Renacimiento, están fuertemente impregnados por la presencia del número áureo, y esto, en varios niveles distintos.

Primeramente, los autores fijaron realmente —y preferenciaron— un canon ideal de belleza humana, en especial de las mujeres, que no debe nada al azar, sino que respeta hasta en el más mínimo detalle una escala vertical basada en el número áureo: la proporción áurea.

Por otro lado, resulta significativo constatar que se calculaban minuciosamente las proporciones de los mismos cuadros, por lo

Melancholia (*La melancolía*, 1514), grabado, obra de Alberto Durero.

general se escogían los rectángulos más cercanos a Phi —en especial para los cuadros altos destinados a ser colgados verticalmente—, lo que facilitaba mucho una composición armónica basada en su valor.

La música está constituida por las relaciones entre las notas, por las medidas y los ritmos, según los cuales éstas son ordenadas; dicho de otro modo, por números sabiamente «organizados». En la Antigua Grecia, la música, asimilada a la armonía de las esferas, era considerada directamente como parte integrante de la teoría matemática, dado que ésta misma se originaba en la armonía del cosmos. Estas relaciones armónicas están estrechamente ligadas al número áureo.

Por otro lado, durante el Renacimiento, muchos *luthiers*, al fabricar sus violines, se preocupaban por sus proporciones estéticas. Muchos de estos verdaderos artistas, inspirándose en las lejanas ideas de la Antigüedad clásica, retomaron por su cuenta ciertas teorías sobre la belleza de las formas y los medios de reproducirla, en especial mediante la aplicación del número áureo y las proporciones aúreas.

Fue así cómo, valiéndose de reglas, en parte, caídas en el olvido —al menos en apariencia—, los maestros *luthiers* del Renacimiento establecieron sus leyes que, tal como ya hemos mencionado, al hablar de las medidas de los antiguos egipcios, pueden sintetizarse de este modo: si se divide un segmento de recta de 1 de largo en dos partes, de forma tal que la relación del todo con la parte más grande sea igual a la relación entre la parte más grande y la más pequeña, el punto de división en cuestión se encontrará a 0,618 de uno de sus extremos. A partir de allí podemos imaginar una forma en la que todas sus dimensiones estén ligadas entre sí por esta proporción, denominada proporción áurea.

Fibonacci y el número áureo

Fibonacci, a quien ya mencionamos en el Primer Libro de esta obra, expone en sus escritos una serie llamada precisamente «serie de Fibonacci», en la que cada término es igual a la suma de los dos términos inmediatamente anteriores. Así:

1, 1, 2, 3, 5, 13, 21, 34, 55, 89, 144, 233, 377, 610, 987, 1.597, 2.584, 4.181, 6.765, etc.

Cuando se divide cada número por el número precedente, se obtiene un valor igual o cercano a Phi.

$$55 : 34 = 1,617$$
$$89 : 55 = 1,618$$
$$610 : 377 = 1,618037$$

Un ejemplo perturbador

El número de pétalos de la mayoría de las plantas es 3, 5, 8, 13, 21, 34, 55 o 89. Los números que se encuentran en las plantas —no sólo los concernientes a la cantidad de pétalos, sino también respecto de otros de sus elementos— presentan regularidades matemáticas. Éstos corresponden al comienzo de la serie de Fibonacci.

Si se observa un girasol, se verá que su cabezuela contiene un conjunto de pequeños flósculos —que luego se convertirán en granos— que conforman un motivo. Esta disposición consiste en dos familias de espirales que se intersectan, una girando en sentido de las agujas del reloj, la otra en sentido inverso. En ciertas especies, el número de espirales que gira en sentido de las agujas del reloj es de 34, mientas que el número de los espirales que giran en sentido contrario es de 55; se trata de números de Fibonacci consecutivos. Los números exactos dependen de la especie en cuestión, pero con frecuencia son 34 y 55 o 55 y 89, o incluso 89 y 144; todos ellos también números consecutivos de la misma serie. Similarmente, la piña tiene 8 filas de escamas que giran en espiral hacia la izquierda —escamas en forma de diamante— y 13 que se enroscan en espirtal hacia la derecha. ¡Nuevamente dos números de Fibonacci! (Ver Ian Stewart, *El laberinto mágico*, Crítica, 2001.)

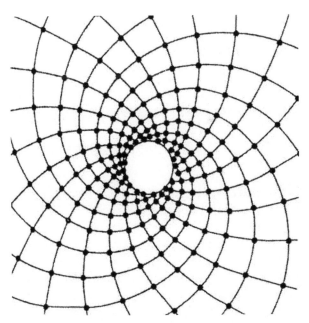

Cabeza de girasol cuyos flósculos están ordenados en espirales, según las proporciones del número áureo.

5. ¿Es Dios una hipótesis matemática?

5.1. EL VALOR NUMÉRICO DE LOS NOMBRES DIVINOS

> *Inventar un cuento. Una historia.*
> *No será escrita para un niño,*
> *Tampoco para un adulto.*
> *Escribir para nadie.*
> *La historia de nadie.*
> *Comenzará en cualquier parte,*
> *de cualquier manera.*
> *Con una palabra: Dios.*
> *El resto seguirá, por sí solo...*
> CHRISTIAN BOBIN

Los diferentes nombres de Dios son distintas manifestaciones de su esencia

Una de las preguntas esenciales de la kábala es: «¿Quién es Dios?». Esta pregunta, que aquí aparece escrita en castellano, podría plantearse en otros idiomas, y entonces reemplazaríamos la palabra Dios por *God, Dieu, Gott, Zeus*, etc. Pero estos términos no expresarán jamás la manera específica que tiene el judaismo de hablar de Dios. Éste posee, en efecto, muchas maneras de nombrar lo divino, que no son equivalentes.

El estudio de estos diferentes nombres de Dios constituye una parte esencial de la kábala de los nombres divinos, que estudia la forma de las letras, los valores numéricos de cada nombre y las fuerzas particulares que estos nombres encierran.

Los diez nombres de Dios

La tradición kabalística revela diez nombres de Dios. Algunos son más comunes que otros. Cada uno de ellos corresponde a una *sefirá* particular.

Yhvh no se pronuncia. Es el nombre inefable, o *shem hameforash*, también llamado *shem havaya*. Se dice, asimismo, que este nombre corresponde a la *midat ha jesed* o *midat harajamim* (al principio de la bondad o la compasión). Aparecerá, por lo tanto, en un contexto en el que Dios se manifiesta a través de su atributo de generosidad o compasión. *Valor numérico: 26.*

Adny se pronuncia «Adonai». Es la forma sonora del nombre precedente. Suele llamarse *shem adnut* o *shem adny*. Está prohibido pronunciarlo en vano. *Valor numérico: 65.*

Yah es un nombre derivado del tetragrama. Aparece en la famosísima fórmula *halleluyáh* (aleluya), que literalmente quiere decir «alabad a Dios». De las dos letras que lo forman, una es masculina (la *yod*), la otra femenina (la *he*), y representa la fuerza de la unidad en el seno de la pareja, del mundo superior y el mundo inferior, del cielo y la tierra... *Valor numérico: 15.* (Es interesante relacionar este valor numérico con la constante del cuadrado mágico llamado de «Saturno».)

El es un nombre que significa «Dios», pero también «hacia». Aparece con frecuencia en combinación con otro nombre divino o con un adjetivo o complemento: «Casa de Dios (*bet-El*), «Dios es grande». *Valor numérico: 31.*

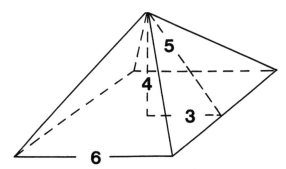

Esquema de una pirámide construida según los valores 3, 4, 5 del triángulo de Pitágoras.

Eloha, es un nombre derivado del precedente *(El)*; está construido sobre la forma básica *el*, más las dos últimas letras del tetragrama *vav-he. Valor numérico: 42.*

Elohim es el Dios de la creación. Es uno de los nombres más utilizados en la literatura bíblica. Manifiesta las fuerzas de la naturaleza. Deriva también del nombre *el* pero incluye las otras dos letras del tetragrama, más la letra *mem* que le da una apariencia plural... *Valor numérico: 86.*

Ehyeh es el nombre de Dios al manifestarse por primera vez a Moisés, durante el episodio bíblico de la zarza ardiente. Significa: «Seré.»[7] *Valor numérico: 21.*

Shaddai es un nombre importante que gobierna el equilibrio de las fuerzas de la naturaleza entre el desorden y la organización. *Valor numérico: 314.*

El Shaddai es un nombre derivado del anterior *(Shaddai). Valor numérico: 345.*

Vale la pena señalar la importancia de este nombre con respecto al triángulo sagrado de Pitágotras, cuyos lados miden respectivamente 3, 4, 5. Posee también el mismo valor numérico que MoSheh, la forma original hebrea del nombre Moisés.

El hecho de que Moisés fuese un príncipe egipcio reviste una gran importancia. El nombre de Moisés derivaría, de hecho, de la transmisión secreta del «teorema de Pitágoras», cuya presencia en

---

7. Algún lector que recuerde el pasaje podría sorprenderse por esta interpretación dada por el autor al nombre que Dios revela a Moisés en este episodio de su misión profética. Según el texto hebreo, Dios dijo *ehyéh asher ehyéh*, lo que la Vulgata traduce «EGO SUM QUI SUM», o sea «Yo soy quien Soy» o «soy el que soy», como se ha traducido a tantas lenguas. El autor traduce por un futuro, porque ése es el valor que la forma verbal utilizada en el texto de Éxodo ha adquirido en el hebreo moderno. Los semitistas occidentales suelen considerar que el verbo hebreo no posee «tiempos», sino «aspectos». Dios se habría expresado en una forma verbal denominada imperfectiva, que se utiliza para denotar una acción en tanto ésta se encuentra en desarrollo o progreso, en tanto acto inacabado, por lo que podría equivaler aproximadamente a nuestra noción temporal de presente o, en su defecto, de futuro. La gramática hebrea moderna utiliza esta forma casi exclusiva para expresar nuestro futuro y reserva lo que los lingüistas occidentales suelen denominar formas participiales para denotar las acciones en presente. *(N. de. T.)*

Egipto está atestiguada varios miles de años antes que en Grecia. También es digno de mención el hecho de que la constante del 345 también se encuentra en la arquitectura de algunas pirámides.

Tzevaot es el «Dios de los ejércitos». *Tzava* designa al «ejército». Esta traducción se presta a confusión, pues lleva a pensar en un Dios guerrero. Se trata, de hecho, en lenguaje kabalístico, de las huestes de los ángeles de las esferas celestiales, organizadas en diferentes campos y legiones. *Tzevaot* puede también traducirse por «ejércitos de letras» (*ot*). Se trataría así del nombre de la manifestación de lo divino en el texto. *Valor numérico: 499.*

5.2. LA TRASCENDENCIA DE π

El árbol puede volverse llama ardiente,
el hombre llama hablante.

FRIEDRICH NOVALIS

El *tzimtzum* o el retraimiento

La teoría del *tzimtzum* representa una de las concepciones más sorprendentes y más audaces de la historia de la kábala. *Tzimtzum* significa originariamente «contraccción» o «retracción». Rabbi Isaac Luria, uno de los kabalistas más grandes de todos los tiempos, se planteó las siguientes preguntas:

* ¿Cómo puede haber un mundo si Dios está en todas partes?
* Si Dios es «todo en todo», ¿cómo puede haber cosas que no sean Dios?
* ¿Cómo Dios puede crear el mundo *ex nihilo*, si la nada no existe?

Rabbi Isaac Luria respondió a estos interrogantes, formulando la teoría del *tzimtzum*, según la cual el primer acto del Creador no fue revelarse a algo exterior. Lejos de ser un movimiento hacia el afuera o una exteriorización de su identidad oculta, la primera etapa de la creación constituyó un repliegue, un retraimiento o retirada. Dios se retiró «de él mismo en él mismo» y, mediante este acto de autolimitación, hizo en su propio seno un lugar al vacío, creando de ese modo un espacio para el mundo por venir.

Dios no pudo manifestarse, sino porque previamente se retiró. Dejó un vacío, un espacio llamado *jallal hapanuí* (espacio libre).

Los kabalistas subrayan este hecho soprendente: el espacio del mundo es un espacio vacío de Dios, es un espacio ateo, ateológico.

Para la kábala, el universo nació no porque el Creador creó el ser, algo a partir de nada, sino porque Dios, infinito, hizo un lugar, un vacío a partir del cual la creación se hizo posible.

En el principio era el vacío... Este comentario resulta fundamental cuando se lo relaciona con la cuestión del cero.

Las fuerzas que mantienen la posibilidad del universo

La cuestión que se plantearon los kabalistas, una vez que establecieron la concepción del vacío originario, fue la posibilidad del mantenimiento mismo de esta vacío. ¿Qué fuerzas activas durante la Creación hacen posible que el infinito retraído permanezca en la periferia del espacio vacío y no vuelva a recubrir este espacio? En otras palabras, ¿qué fuerzas mantienen el vacío y permiten que el mundo perdure y subsista como vacío?

Para responder a estas preguntas, Rabbi Isaac Luria imaginó una fuerza procedente del propio vacío, como si existiese en el vacío cósmico una voz que repite al infinito: «¡Basta, no vuelvas!».

El misterio del círculo y de la recta

Desde un punto de vista matemático, el vacío del círculo, su espacio interior (la posibilidad de una superficie del círculo) está constituida por una cierta relación ente la recta y el círculo.

Si hacemos girar una recta, dejando fijo uno de sus extremos, ésta dibujará un círculo del que ella misma constituirá el radio. Al girar, el radio mantiene el círculo. Éste sólo existe a partir de la recta que constituye una fuerza representada por su radio. Los matemáticos griegos, en especial Arquímedes, intentaron formular matemáticamente la relación entre el círculo y el radio que mantiene el vacío alrededor de su centro. Entonces encontraron un número que mucho más tarde recibiría el nombre de π inicial de la palabra «perimetro». (Es importante señalar que a pesar de tratarse de una letra griega, esta apelación es tardía.)

El perimetro o circunferencia del círculo se obtiene entonces mediante la fórmula:

(R representa la longitud del radio)

$$2 \pi R$$

Y la superficie del círculo mediante la fórmula:

$$\pi R^2$$

El «misterio» del círculo es, por consiguiente, la relación existente entre la recta y el círculo.

Esta relación está definida por π, un «número trascendente», cuyo valor exacto resultará siempre inalcanzable, por eludir toda tentativa de «definición» y de encasillamiento en medidas fijas. Su valor aproximado es de 3,14 y su valor racional de 22/7 (también aproximado). El número π es una puerta al infinito, y es por esto que mantiene lazos importantes con el imaginario teológico.

3,14159165358979323846164338327950 2884
11971693993751058109749445913078 164061
86108998618034825342117067982148 086513
27230664470938446...

π y sus primeros decimales.

El número π y el nombre *shaddai*

Como decíamos anteriormente, la creación del espacio del mundo se operó a través de un retraimiento del infinito y mediante una fuerza que mantiene en la periferia la luz del infinito.

En hebreo, esta fuerza del «no vuelvas» lleva el nombre de *shaddai,* palabra que significa «suficiente, basta», abreviación de la expresión «aquel que dijo al mundo basta», *she-dai.*[8]

Shaddai es el nombre de Dios en tanto que se autolimita. Es el nombre de la limitación (en hebreo kabalista, esta limitación se lla-

---

8. *She-dai* significa efectivamente en hebreo «que [es] bastante», «que [es] suficiente»; expresión en la que la lectura cabalística suple el verbo «dijo». La misma está formada por el pronombre relativo *she* = que, y el adverbio *dai* = suficientemente, bastante. Esta forma de leer el apelativo de Dios, *Shaddai,* de controvertida etimología y que suele traducirse por Todopoderoso, ejemplifica a la perfección, para el lector no habituado a esta forma de encarar el sentido y el sonido de la letra (leer u oír en una palabra o frase algo distinto de lo supuestamente escrito o dicho), la peculiaridad de este método de interpretación, hermenéutica de la que ya se encuentran inequívocos vestigios en los textos más antiguos del mundo (textos de las Pirámides, Vedas, etc.) y que tanto parece contrastar con la lógica occidental y los cánones de la filología positivista, y tanto significó, en general, para los fundadores del psicoanálisis. *(N. del T.)*

ma el *din*) que tiene por finalidad volver posible la Creación y, por consiguiente, equilibrar la entropía y la expansión del mundo (en hebreo *jesed*).[9]

Las especulaciones metafísicas de los maestros de la kábala se unen en este punto con los cálculos matemáticos griegos. Uno de ellos, Rabbi Yossef Gikatillia (corredactor en España del *Zóhar*, junto a Rabbi Moisés de León en el siglo XIII), afirma en su libro *Guinat egoz* que «el círculo se construye a partir del nombre *shaddai*». Se refiere, en especial, al episodio que cierra la historia del jardín del Edén: un ángel está en la puerta y blande una espada, trazando así el círculo del universo (Génesis, capítulo III, versículo 24).

Si recurrimos a la guematria, el valor numérico de *shaddai*, como ya hemos visto, es de 314 (*shin* = 300, *dalet* = 4, *yod* = 10).

Coincidencia sorprendente: ¡314 representa el valor aproximado de π multiplicado por 100!

Lo que Manitou (León Ashkenazi), uno de los últimos grandes kabalistas contemporáneos, comenta de la forma siguiente: «π es precisamente la relación de fuerzas que vuelve posible la delimitación en el mundo físico, delimitación que existe gracias al nombre *shaddai* en el nivel metafísico».

La palabra y el número π

El valor racional aproximado de π es 22/7. Para los kabalistas, este número remite a la articulación de las letras del alfabeto hebreo (22 en total), y de la cifra 7, cuyo sentido primero es para el pensamiento bíblico el ritmo del tiempo.

De este modo, π representa la relación entre el alfabeto y el tiempo, dicho de otro modo, a la palabra. Ésta consiste, en efecto, en poner en movimiento el alfabeto, gracias a la combinación de las letras.

---

9. *Din* significa justicia, juicio, precepto, mandato, ley; *jesed*, como ya dijo el autor anteriormente, bondad, gracia, etc. *(N. del T.)*

$$\text{Palabra} = \frac{22 \text{ letras}}{7} = \frac{\text{alfabeto}}{\text{tiempo}} \cong \pi$$

Matemática, filosófica o kabalísticamente hablando, el sentido de π señala una dirección común: la relación entre las fuerzas que vuelven posible el vacío y el mundo como vacío. Aquí se abre una perspectiva apasionante sobre el hombre como soplo que habla. ¿Será entonces una casualidad que en hebreo π signifique «mi boca»?

La armonía del mundo y el número π

Los kabalistas se sirven de diferentes metáforas para exponer sus ideas. Encontramos en la kábala múltiples alusiones al fuego, al árbol, a la tierra y, sobre todo, al agua. El agua es el símbolo de la vida, del movimiento. El río aparece en ciertos textos como una imagen privilegiada para simbolizar la vida y, sobre todo, la transmisión de generación en generación. Puede hallarse esta imagen del río en los profetas, en particular, en Ezequiel. Hay en los otros autores lo que podríamos denominar una «metafísica fluvial» y π no es extraño a esta metafísica.

Ya Einstein fue uno de los primeros en interesarse, desde un punto de vista físico, en los meandros de un río. El profesor Hans Hendrik Stølun, especialista en ciencias de la tierra de la Universidad de Cambridge, calculó la relación entre el largo de los ríos, desde sus fuentes hasta sus desembocadura, incluyendo por ende los meandros, y sus longitudes reales a vuelo de pájaro, sus longitudes matemáticas.

Hans Hendrik Stølun realizó, en este campo, un descubrimiento extraordinario. Aunque la relación varía de un río al otro, el valor promedio es ligeramente superior a 3, es decir que el largo real es aproximadamente el triple de la distancia directa. De hecho, la relación es casi de 3,14, cercana, por consiguiente, al valor del número π.

$$\frac{\text{Largo real con meandros}}{\text{Largo matemático}} \cong 3,14$$

Esta relación con π se encuentra, con mayor frecuencia, en los ríos que corren lentamente a través de las llanuras de suave relieve, como en Brasil o en la tundra siberiana. *(Cf. Singh, op., cit.)*

En otras palabras, estamos tentados de proponer la siguiente hipótesis: la relación que existe entre, por un lado, una tendencia a la entropía, al despliegue y la expansión —conocida para los kabalistas con el nombre de *jesed*— y, por el otro, una tendencia al orden y la limitación —el *din*— es del orden de π.

O dicho de otro modo: la relación que existe entre el caos y el cosmos tiende al valor de π, es decir de 3,14, o en lenguaje kabalístico, *shaddai*.

$$\frac{\text{Caos}}{\text{Cosmos}} \cong 3,14$$

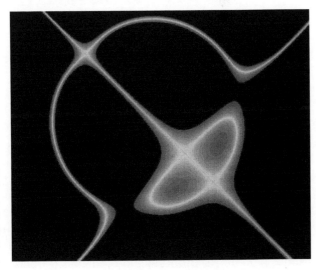

Happy Hénon (1993), por Brian Meloon. Imagen obtenida por iteración de la aplicación de Hénon.

5.3. FERMAT Y LA KÁBALA: LOS SECRETOS DEL TETRAGRAMA

Me doy vuelta hacia tu lado,
en el lecho o la vida,
y encuentro que estás hecha de imposible.

Me vuelvo entonces hacia mí
y hallo la misma cosa.

Es por eso
que aunque amemos lo posible,
terminaremos por encerrarlo en una caja,
para que no estorbe más a este imposible
sin el cual no podemos seguir juntos.

ROBERTO JUARROZ

Concierto para cuatro consonantes sin vocales

El nombre YHVH es dado como lo visible puro: cuatro consonantes inefables, sin ninguna vocal. Nombre hecho para estar oculto. Nombre que se retira al mismo tiempo que se da. Paradoja esencial que afirma una relación con Dios, irreductible al conocimiento que tematiza, define o sintetiza. Mediante este retiro en el silencio, la revelación conserva la trascendencia de lo que se manifiesta. La ausencia de vocales, que vuelve impronunciable el nombre, crea una distancia infranqueable que suprime la posibilidad de considerar a Dios como un objeto. El tetragrama es como un agujero en el lenguaje, a partir del cual el lenguaje mismo cobra sentido. Un nombre escrito para no ser pronunciado según sus propias letras sino para ser comentado, traducido por otras letras, por otros nombres.

El nombre ofrece lo impensable.

Ver el nombre de cuatro letras es abismarse en la nada de sentido, penetrar en una nulificación del saber, vivir la experiencia del vacío.

Observación sobre los nombres *yhvh* y *adny*

En un comentario del versículo 15 del capítulo III del Éxodo, *«Éste es para siempre mi nombre, éste mi memorial de generación en generación»*, el Talmud explica que el «nombre» es el tetragrama YHVH que también se denomina *shem-Havaya,*[10] y que el «memorial del nombre» es el nombre del nombre, llamado *shem-Admut,* y que se escribe *alef-dalet-nun-yod.*

> ### Existe el «nombre escrito» inefable
> ### YHVH *(shem-Havaya).*
> ### Existe el «nombre dicho», que se escribe
> ### ADNY *(shem-Adnut).*

La guematria simple del *shem-Havaya* (YHVH) es de 26:

$$
\begin{array}{r}
\text{yod} = 10 \\
\text{he} = 5 \\
\text{vav} = 6 \\
\underline{\text{he} = 5} \\
\text{Total} = 26
\end{array}
$$

El *shem-Adnut* se denomina el «palacio del nombre» *(heyjal).* Tiene un valor númerico simple de 65.

$$
\begin{array}{r}
\text{alef} = 1 \\
\text{dalet} = 4 \\
\text{nun} = 50 \\
\underline{\text{yod} = 10} \\
\text{Total} = 65
\end{array}
$$

El enigma del número 26

Es pertinente plantearse aquí la pregunta sobre la especificidad de la guematria del tetragrama *Yod-He-Vav-He,* que es de 26.

Según algunos autores, en especial el Baal Shem Tov, la meditación a partir del alfabeto y de los nombres de Dios consiste en tener siempre presente el Tetragrama y su valor numérico 26, y encontrar esta estructura numérica en todas las otras letras y, de ser posible, en todos los objetos de la naturaleza.

---

10. *Shem-Havaya* significa «nombre de la realidad, de la existencia, de lo que es». *(N. del T.)*

Árbol de luz con siete ramas escritas con las letras del Salmo 67, coronado con la inscripción: «El tetragrama está siempre frente a mis ojos». Esta ilustración, que suele encontrarse en el libro de rezos y sobre las paredes de la sinagoga, ayuda a meditar y a concentrarse en la presencia permanente de Dios.

Un descubrimiento matemático de Fermat que podría revolucionar la kábala...

Fermat notó un día que el número 26 se encuentra entre el 25, número cuadrado ($25 = 5^2 = 5 \times 5$) y el 27, un número cúbico ($27 = 3^3 = 3 \times 3 \times 3$). Al buscar, luego, otros números que se encontrasen entre un cuadrado y un cubo, no logró descubrir ninguno, por lo que se preguntó si el 26 no era un número único.

Varios días de intensos esfuerzos le permitieron construir un razonamiento complejo que mostraba que 26 es, en efecto, una excepción, y que ningún otro número se le asemejaba.

«El número 26 es un número único
en todo el universo matemático.»

PIERRE DE FERMAT

Fermat anunció esta propiedad única del 26 a la comunidad científica, luego, le planteó el desafio de demostrarlo. Admitió al mismo tiempo que él no poseía la prueba de su afirmación, pero la cuestión que se planteaba era saber si los otros tendrían suficiente imaginación como para superarlo.

A pesar de la simplicidad del postulado, la prueba es de una dificultad formidable y Fermat experimentó un placer muy particular al desafiar a los matemáticos ingleses Wallis y Digby, quienes debieron admitir su derrota.

El desafío es ahora lanzado a los kabalistas: ¿cómo traducir este descubrimiento en términos de guematria, y a partir de allí, en términos místicos?

La cuarta dimensión

Pero ¿cuál es la importancia de este número que se encuentra entre el 25 y el 27, entre un cuadrado y un cubo?

Desde un punto de vista geométrico, el cuadrado corresponde a una superficie y el cubo, a un volumen. El 26 representaría una dimensión diferente a la superficie y al volumen y, más precisamente, a una dimensión que permitiría pasar de la superficie al volumen.

Para los matemáticos, las potencias denotan diferentes estadios de desarrollo de la materia en el espacio.

El punto se indica mediante el «0»
La línea se indica mediante el «1»
El plano se indica mediante el «2»
El volumen se indica mediante el «3»

El número 26 correspondería a una cuarta dimensión que permite el pasaje de la segunda dimesión a la tercera. ¿No se trata, a la vez, del tiempo necesario para pasar del 0 al 1 y del 1 al 2?

Tal vez, podríamos definir al kabalista como alguien que un día, a propósito de la propiedad del tetragrama, escribe, en una nota a uno de los libros que se está leyendo o escribiendo en ese momento:

Cuius rei demostrationem mirabilem sane detexi
hanc marginis exiguitatis non caperet.

Lo que quiere decir:

«De cuya cuestión descubrí una demostración verdaderamente maravillosa, que la pequeñez del margen no contendría.»

«Es la nota marginal que Fermat escribió en la versión latina de la *Arithmetica* de Diofanto de Alejandría que vivió hacia el 250 a. C.»La especialidad de Diofanto residía en los problemas cuyas soluciones consistían en números enteros y que se definen hoy como las ecuaciones diofánticas. Pasó toda su carrera en Alejandría, reuniendo problemas conocidos e inventando otros nuevos, que recopiló en un tratado titulado *Arithmetica*. De los trece libros que componían esta obra, sólo seis sobrevivieron en la Edad Media e inspiraron a los matemáticos del Renacimiento y a Pierre de Fermat. Los siete restantes se perdieron en circunstancias dramáticas...» (S. Singh, *El enigma de Fermat.*)

26, el cubo y el sello de Salomón

Este número 26 se encuentra curiosamente en dos figuras geométricas. En el primer caso, en la estructura misma de la figura, en el otro, en la organización númerica de la que puede ser portadora.

La primera figura es el cubo, cuyo conjunto de elementos da una suma de 26. En efecto, éste tiene 8 (vértices), 6 (caras), 12 (aristas), tres números cuya suma es 26:

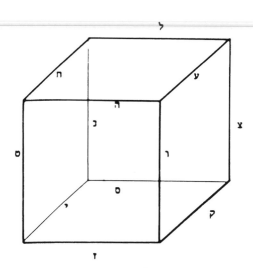

La segunda es el sello de Salomón, una estrella de seis puntas,[11] cuyos valores numéricos de vértices e intersecciones están organizados de tal forma que cada línea posee un total de 26.

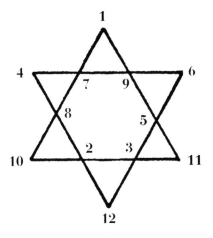

Ejemplo: 1 + 9 + 5 + 11 = 26

---

11. Es también la estrella de David, que sobre la bandera azul y blanca se convirtió en el símbolo del Estado de Israel a partir del establecimiento del mismo. No se menciona en la literatura rabínica, pero a partir de la Edad Media se empleó con frecuencia para distinguir a las comunidades y distritos judíos (*N. del R.*)

Libro tercero: Formas

LOS CUADRADOS MÁGICOS Y OTROS TALISMANES

1. Los cuadrados mágicos

1.1. LÍNEAS, COLUMNAS Y DIAGONALES

Quiero que esta obra esté escrita en
un estilo de mi propia invención, que permita
pasar y repasar maravillosamente
de lo extraño a lo común, de la fantasía
al extemo rigor, de la prosa al verso,
de la verdad más llana a los ideales
más... más frágiles.

PAUL VALERY

El cuadrado mágico es un procedimiento que consiste en reunir números dentro de un marco determinado para obtener sumas iguales, cualquiera que sea la línea (o hilera), la columna o las diagonales. El más simple de los cuadrados mágicos es de orden 3.

- Se denomina «orden» de un cuadrado al número de entradas en una columna, línea o diagonal. Un cuadrado de orden 3 contiene 9 números. Un cuadrado de orden 5 contiene 25.
- Los cuadrados construidos en base a un número par, 4 por ejemplo, son cuadrados pares, los cuadrados construidos en base a un número impar, son cuadrados impares.
- Los cuadrados impares tienen un número central de simetría que se denomina centro. Los cuadrados pares no tienen un número central sino cuatro.
- En los cuadrados mágicos de orden impar, el número que se encuentra en el medio de la serie de números empleados se encuentra situado en el centro del cuadrado.

- Se denomina «constante» de un cuadrado a la suma que da cada línea, cada columna y cada diagonal y, a veces, el centro del cuadrado par (ver arriba ejemplo).
- Se denomina «suma» de un cuadrado mágico a la suma de todos los miembros que se encuentran en él. Ésta es siempre igual al número triangular del último número de la serie utilizada, si ésta es de tipo (0, 1, 2, 3, 4, 5, etc.).

Ejemplos:

$$
\begin{array}{ccc}
4 & 9 & 2 \\
3 & 5 & 7 \\
8 & 1 & 6
\end{array}
$$

Cuadrado impar de orden 3. Nótese el centro 5 que es el
centro de la serie de los números: 1234 **5** 6789.

- Cada columna o línea o diagonal posee 3 números; es, por lo tanto, de orden 3.
- La suma de los números de cada hilera, de cada columna y de cada diagonal es 15. Es, por lo tanto, de constante 15.
- La suma de los números de este cuadrado mágico es 45 y corresponde al número sagrado o número triangular de 9.
- En la kábala, este número simboliza al «hombre» y su capacidad de cuestionamiento, puesto que 45 sigifica «¿qué?». Es también, de acuerdo con la guematria, uno de los desarrrollos del tetragrama de Dios *(Yhvh)*.

$$
\begin{array}{cccc}
1 & 16 & 11 & 6 \\
13 & 4 & 7 & 10 \\
8 & 9 & 14 & 3 \\
12 & 5 & 2 & 15
\end{array}
$$

Cuadrado par de orden 4, aquí la constante del cuadrado es 34.

Los cuadrados mágicos suelen poseer propiedades extraordinarias. Para el primero, por ejemplo, que es uno de los más simples y más conocidos (veremos luego sus relaciones con la alquimia), podemos notar que:

$$4^2 + 9^2 + 2^2 = 8^2 + 1^2 + 6^2$$
$$y$$
$$4^2 + 3^2 + 8^2 = 2^2 + 7^2 + 6^2$$

Es interesante observar que el trayecto de la dinámica interna de un cuadrado mágico da un diagrama, cuyo equilibrio geométrico es siempre sorprendente.

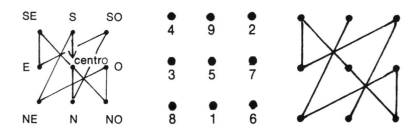

Nota: hay sólo un cuadrado mágico de orden 3 que utiliza los nueve primeros números; los otros juegan sobre la rotación o la simetría. (*Cf.* más adelante el ejemplo del cuadrado de Lo-Shu).

Una bella armonía

Contemplamos el mundo y nos resulta bello, por sus colores, sus formas, su movimiento, y, a menudo, por la gracia de sus encadenamientos dinámicos de figuras geométricas que producen armonías y despiertan en nosotros un placer estético.

Pero también existen armonías más abstractas, más dirigidas a deleitar la mente que a conmover los sentidos.

En los capítulos precedentes, ya hemos visto muchas armonías que unen los números entre sí y que constituyen la teoría de números. En un cierto sentido, los cuadrados mágicos entran dentro de esta categoría. En efecto, el cuadrado mágico es un conjunto de números reunidos en una estructura cuadrada, cuya inteligencia, a menudo lúdica, de las asombrosas relaciones que mantienen entre sí, nos despiertan y nos maravillan. Decimos «inteligencia», subrayando uno de sus sentidos etimológicos, derivados de *intellegere*, que puede significar «ligar junto».

¿Cuál es la magia de estos cuadrados? Según unas líneas del *Fausto* de Goethe, que citaremos más adelante, parecen haber tenido virtudes mágicas, como la posibilidad de volver eficaces filtros de todo tipo, incluido el del rejuvenecimiento. Veremos, luego, otros ejemplos. Estos cuadrados mágicos solían llevarse colgados como talismanes, o sencillamente disimulados en un bolsillo de la ropa, escritos en pergamino o bordados en tela, etc.

El cuadrado mágico de orden 3, el más simple de todos, posee en su forma básica un centro de 5. Este número mágico y protector suele verse, en sus formas derivadas, en diversos amuletos, en particular en los países musulmanes y entre los judíos, en la representación de la «mano» de Fatima, a menudo, acompañada de uno o varios pescados que protegen contra el mal de ojo.

Este 5 como talismán o amuleto también se encuentra frecuentemente en las representaciones del pentágono estrellado, inscrito dentro de un círculo, que fue uno de los símbolos fundamentales de los pitagóricos. Constituye también el sello de Salomón, cuyo valor es de 15 (1 + 2 + 3 + 4 + 5 = 15), al igual que la constante del cuadrado de 3.

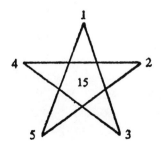

1.2. UN ORIGEN CHINO

Llegaron sueños, remontando el río.
Nos detenemos, hablamos con ellos, saben
muchas cosas, excepto de dónde vienen.

FRANZ KAFKA

El origen chino de los cuadrados mágicos es considerado como relativamente seguro, pero más adelante expondremos la posibilidad de una procedencia griega.

Las tradiciones más antiguas a propósito de los cuadrados se remontan, en efecto, a los textos chinos, que ofrecen numerosas variantes de un mito fundador, entre las cuales se encuentra esta leyenda del siglo XXIII a. C.: una tortuga sale del río Lo, revelando al emperador Yü un cuadrado mágico que lleva grabado sobre su espalda.

Este cuadrado adquirió gran fama bajo el nombre de cuadrado de Lo-Shu («El escrito del río Lo»). Sirve de base a una numerología china, al igual que a diferentes numerologías derivadas y simplificadas.

4	9	2
3	5	7
8	1	6

Lo femenino y lo masculino: el yin y el yang

En China, el principio binario está representado por el *yin* y el *yang:* dos formas estrechamente entrelazadas dentro de un círculo.

1
impar

2
par

El matemático chino Li Shanlan (1811-1882), autor de *El impacto de las matemáticas occidentales en la China.*

Una negra, la otra blanca, cada una de ellas con un pequeño núcleo del color opuesto en su interior.

Su forma y su disposición evocan el movimiento circular, la alternancia de los días y las noches, de los veranos y los inviernos, de los ciclos fastos y los nefastos. El *yin*, negro, es considerado pasivo y femenino, el *yang*, blanco, como activo y masculino.

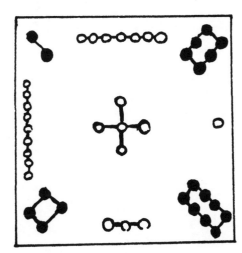

Cuadrado Lo-Shu.

El cuadrado Lo-Shu, en su forma original, estaba escrito en cifras chinas antiguas. Los números pares son femeninos y son considerados *yin*. Se representan mediante puntos negros, ligados por líneas.

Los números impares son masculinos y se consideran *yang*. Están representados por pequeños círculos blancos ligados por líneas.

Observemos la forma en cruz del 5, que es precisamente el centro del cuadrado. Esta forma en cruz revela que la forma gráfica de las cifras proviene originariamente del cuadrado mágico de orden 3, con un centro 5.

Si bien los números o son masculinos o femeninos, es posible resaltar, no obstante, su naturaleza compuesta: maculina y femenina (*yang* y *yin*). Dado que el 5 representa en cierto modo el papel de una base, obtenemos las siguientes equivalencias:

$$6 = 5 + 1$$
$$7 = 5 + 2$$
$$8 = 5 + 3$$
$$9 = 5 + 4$$
$$10 = 5 + 5$$

Por ejemplo: 6 es en sí mismo par y femenino. Pero se convierte en masculino y femenino, cuando se lo lee con el «centro-base»: 5 + 1 = 6.

Es el sentido metafísico de la suma. Es lo que revela el cuadrado llamado Ho Tou.

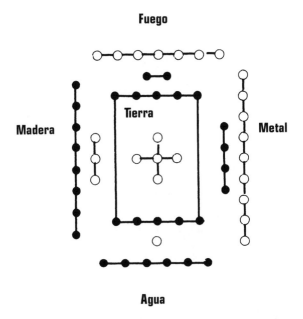

Aquí puede verse con claridad que cada lado del cuadrado, cada orientación, comporta dos números: 2 y 7 están juntos, al igual que 1 y 6, y 3 y 8, etc.

Y vemos también claramente que el Ho Tou funciona como un cuadro que presenta reglas respecto de la suma: 5 + 1 = 6; 5 + 3 = 8, etc.

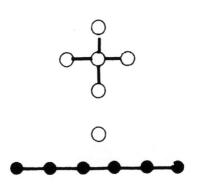

El cuadrado de Lo-Shu

En la numerología china, el cuadrado de Lo-Shu constituye un soporte importante para la interpretación del carácter y de las «líneas del destino». Cada cuadrado corresponde a un año, de acuerdo con un ciclo de 9; cada nueve años, reaparece el mismo cuadrado. Cada mes, cada día y cada hora mantienen una determinada relación con el cuadrado.

Ofreceremos un ejemplo al final de este capítulo.

Para obtener los nueve cuadrados de Lo-Shu, basta con desplazar los números en el interior del cuadrado, de acuerdo con una lógica muy simple que exponemos a continuación:

A partir del cuadrado Lo-Shu de base,

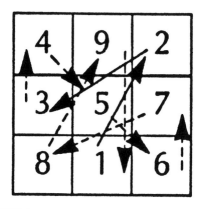

el 1 pasa al lugar del 2, el 2 al del 3, el 3 al casillero del 4, el 4 al del 5, el 5 al lugar del 6, el 6 pasa a ocupar la posición del 7, el 7 la del 8, el 8 la del 9, y el 9 pasa al casillero del 1, generando así el nuevo cuadrado:

$$3 \quad 8 \quad 1$$
$$2 \quad 4 \quad 6$$
$$7 \quad 9 \quad 5$$

A su vez, este nuevo cuadrado se transforma, por desplazamiento de los números, según el mismo procedimiemto, en un tercer cuadrado.

Se prosigue de este modo hasta regresar al cuadrado originario. De este modo se obtiene los nueve cuadrados Lo-Shu.

El lugar de cada número se denomina «casa» y el número que se encuentra en el casillero del medio del cuadrado se llama «centro». El cuadrado de base tiene un centro 5, el segundo, derivado mediante movimiemto de los números tiene un centro 4, y así sucesivamente hasta el cuadrado de centro 9.

Estos nueve cuadrados forman la base de una numerología china que, al igual que el resto de las numerologías populares, permite resaltar las características de la personalidad, sus puntos fuertes y débiles, y las grandes líneas de la existencia.

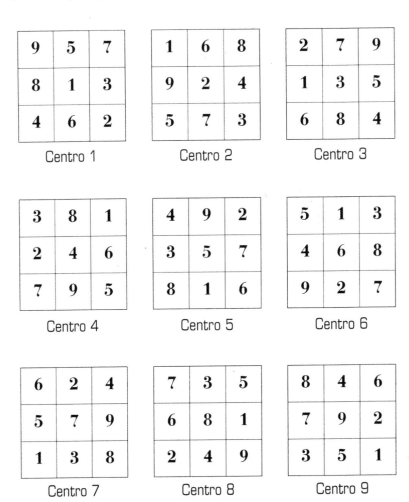

Centro 1   Centro 2   Centro 3

Centro 4   Centro 5   Centro 6

Centro 7   Centro 8   Centro 9

1.3. ¿CÓMO CONSTRUIR UN CUADRADO MÁGICO?

Una vez escrito, no hay libro que no sea
«libros», ni palabra que no sea «palabras»...
EDMOND JABÈS

La construcción de un cuadrado de orden 3

La construcción de un cuadrado mágico es muy sencilla. Teón de Esmirna señala que, disponiendo la serie de los nueve primeros números, dos números simétricos en relación al eje 5 dan una suma igual a diez.

$$1 \ 2 \ 3 \ 4 \quad \mathbf{5} \quad 6 \ 7 \ 8 \ 9$$

¿Qué podría ser más natural, entonces, que colocar el cinco en el casillero central de un conjunto cuadrado de nueve casilleros, y luego situar 1 y 9, por ejemplo, en la columna central?

$$\begin{array}{ccc} x & 1 & x \\ x & 5 & x \\ x & 9 & x \end{array}$$

La suma de la columna es 15. Si buscamos completar la línea inferior con dos números tal que la suma de esta línea sea igual a 15, sólo dos números resultarán adecuados.

$$\begin{array}{ccc} x & 1 & x \\ x & 5 & x \\ 2 & 9 & 4 \end{array}$$

Luego hay que escribir 6 y 8 en los casilleros diagonalmente simétricos en relación al eje central.

$$\begin{array}{ccc} 6 & 1 & 8 \\ x & 5 & x \\ 2 & 9 & 4 \end{array}$$

Por último, sólo queda una manera de disponer los números restantes, 3 y 7, de forma tal que las sumas de las columnas correspondientes también sumen 15.

$$
\begin{array}{ccc}
6 & 1 & 8 \\
7 & 5 & 3 \\
2 & 9 & 4
\end{array}
$$

¿Cómo fabricar un cuadrado mágico impar?

Existe un procedimiento para construir un cuadrado mágico impar. (Cf. definición del cuadrado impar en el primer capítulo. Para este capítulo, nos hemos inspirado en las obras de F.-X. Chaboche, *Vie et mystère*, Albin Michel, París, 1976, y en A. Jouette, *El secreto de los números*, Robinbook, Ma Non Troppo, Barcelona, 2000.)

Disponga de este modo los elementos:

$$
\begin{array}{ccccc}
 & & 1 & & \\
 & 4 & & 2 & \\
7 & & 5 & & 3 \\
 & 8 & & 6 & \\
 & & 9 & &
\end{array}
$$

Aplique la cuadrícula y sitúe cada uno de los elementos que se encuentran fuera del encuadre en sus antípodas.

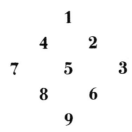

Otro ejemplo. Coloque los elementos de esta manera:

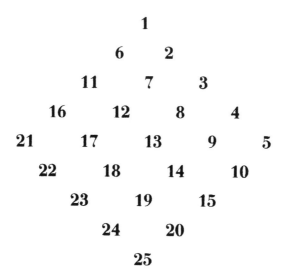

```
                    1
               6         2
          11        7         3
     16        12        8         4
21        17        13        9         5
     22        18        14        10
          23        19        15
               24        20
                    25
```

Aplique la cuadrícula y coloque cada uno de los elementos fuera del marco, en sus antípodas.

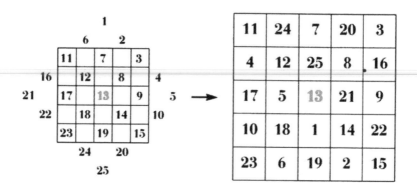

11	24	7	20	3
4	12	25	8	16
17	5	13	21	9
10	18	1	14	22
23	6	19	2	15

Nota: un cuadrado seguirá siendo mágico si se aumenta o disminuye en un mismo número todos sus elementos. El cuadrado que vemos a continuación está realizado con los elementos del cuadrado de orden 4 visto anteriormente en el capítulo 1, aumentados en cinco unidades, de modo que la constante pasa de 34 a 54.

6 20 19 9

17 11 12 14

13 15 16 10

18 8 7 21

De igual modo, el cuadrado sigue siendo mágico, si multiplicamos todos sus elementos por un mismo número.

Como ya hemos mencionado al dar las definiciones en el primer
capítulo, en un cuadrado mágico de orden impar, el número que se
encuentra en el medio de la serie de los números empleados se encuentra en el centro del cuadrado. (En el caso del cuadrado de
nuestro segundo ejemplo, es el 13 el que ocupa el centro de la serie
y del cuadrado.)

1.4. FAUSTO, GOETHE Y LOS CUADRADOS MÁGICOS

> *La receta del kuglof:*
> *mezclar doscientos cincuenta gramos de azúcar*
> *a la rayadura de una naranja y un limón,*
> *después tamizar el azúcar*
> *para quitarle todos los grumos.*
> *Agregar seis yemas de huevo, luego revolver*
> *muy suavemente durante media hora.*
> *Verter un poco de jugo de limón y esparcir*
> *una cantidad de fécula equivalente al peso*
> *de dos huevos duros, agregar seis claras*
> *batidas a punto de nieve, y luego cocinar*
> *la masa así obtenida en un molde*
> *previamente enmantecado*
> *y rociado con harina.*
>
> ANNA POUZOVNA

Un filtro mágico para rejuvenecer treinta años

En su obra *Fausto*, Goethe llega a hablar, aunque de una manera que se aleja considerablemente de las consideraciones habituales, del importante conjunto representado por los diez primeros números. Se trata de la escena en la que Fausto es conducido por Mefistófeles a la cocina de la bruja para que aquel reciba un filtro que le hará rejuvenecer treinta años. Durante la preparación del brevaje, la bruja recita estos versos que lee de un gran libro:

> «¡Debes comprender!
> Del uno haz diez.
> Y deja en paz al dos.
> Y al tres haz lo mismo.
> Así tú eres rico.
> ¡Pierde el cuatro!
> De cinco y seis,
> así dice la bruja,
> haz siete y ocho.
> Así está concluido:
> y nueve es uno,
> y diez es nada.»

He aquí el abracadabra de la bruja.

Se han propuesto, para estas palabras, todas las interpretaciones posibles, sin por ello prestar atención al hecho de que Goethe las pone en boca de una bruja. El «encantamiento» que debe encontrarse en el interior del filtro al término de su preparación tiene que ser, primeramente, introducido en él, mediante todo tipo de operaciones «espirituales». Un «encantamiento» de este tipo, un sortilegio así, debe hallarse, por consiguiente, en el abracadabra de la hechicera...

¿Cuadrado mágico?

Hagamos una lectura línea por línea del texto de Goethe para intentar descubrir si, eventualmente, no se trata de un cuadrado mágico.

Primera línea

Inscribamos los números de 1 a 9 en el siguiente orden:

$$1 \quad 2 \quad 3$$
$$4 \quad 5 \quad 6$$
$$7 \quad 8 \quad 9$$

Y apliquemos, a continuación, las palabras de Goethe: del 1 hacemos, primeramente, un diez (del uno haz diez); nos guardamos el 2 (y deja en paz al dos); hacemos lo mismo para el 3 (y al tres haz lo mismo).

La primera línea del cuadrado ha dejado de estar formada por los números 1, 2, 3, y es ahora 10, 2, 3. Esto da ya una suma parcial de 15. De modo que nos hemos vuelto ricos (así tú eres rico).

Segunda línea

Ahora es el turno de los números 4 y 9. El 4 debe ser eliminado, de donde surge un lugar vacío cuyo signo numérico es el 0 (¡pierde el cuatro!). Los numéros 5 y 6 deben ser reemplazados por el par de números 7 y 8 (de cinco y seis, así dice la bruja, haz siete y ocho). De esta forma, la segunda línea anterior 4, 5, 6 se ha transformado en la nueva línea 0, 7, 8, cuya suma sigue siendo 15.

Tercera línea

Para la nueva tercera línea, ya se conocen los dos primeros números, 5 y 6. Para obtener también aquí la suma 15, es necesario que el último número sea 4, que había perdido su lugar originario, al principio de la segunda línea; de este modo, lo que se había perdido no desaparece por completo, sino que ha ocupado un nuevo lugar anteriormente insospechado.

Cuando Goethe hace seguir a los primeros nueve versos el décimo que dice: «Así está concluido», resuelve que la última línea del cuadrado deberá ser 5, 6, 4.

En lo que respecta a la interpretación de los dos últimos versos de la conclusión: «Y nueve es uno, y diez es nada», significan que la hechicera ha hecho desaparecer los dos números regulares 9 y 1 y ha suscitado en su lugar, mediante un ardid, los dos números irregulares 10 y 0 (nada). El 9 ha debido sufrir el mismo destino que el 1, es decir no ser tomado en cuenta. Nueve es como Uno. Similarmente, Diez es como Cero. Ninguno de los dos debería haber aparecido en absoluto, pero como consecuencia de la expulsión de Nueve y de Uno, hallaron un lugar por donde entrar en el hechizo. El cuadrado modificado es entonces:

$$
\begin{array}{ccc}
10 & 2 & 3 \\
0 & 7 & 8 \\
5 & 6 & 4
\end{array}
$$

Un cuadrado imperfecto

En este cuadrado, las sumas de las líneas y de las columnas dan, efectivamente, el mismo valor, 15; la suma de una de las diagonales también arroja este mismo resultado, pero no sucede lo mismo con la otra. Este vicio de forma distingue este cuadrado del verdadero cuadrado mágico tradicional, el cual da 15 para la suma de sus dos diagonales.

1.5. MELANCHOLIA

Soles filamentos
sobre la soledumbre negro grisácea.
Un pensamiento,
alto árbol,
tañe el tono de luz: aún
hay cantos que entonar más allá
de los hombres

PAUL CELAN

El cuadrado mágico más famoso de todos es el que el artista Alberto Durero (1471-1528) reprodujo en el grabado titulado *Melancholia* (*La melancolía*). Este notable artista del Renacimiento alemán viajó dos veces a Italia para ser iniciado en una antigua tradición redescubierta, gracias a la llegada de sabios bizantinos, que huyeron de Constantinopla, tras su caída en 1453, a manos de los turcos de Mahomet II.

El artista realizó un primer viaje en 1494. Durero acababa de finalizar su formación, junto a Miguel Wohlgemüth, luego, junto a los hermanos Schongauer de Colmar. En Italia, conoció a Jacopo de Barbari, quien sólo le reveló unas pocas migajas de todo su saber.

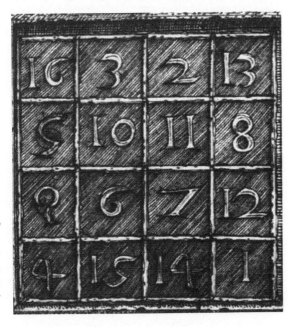

Cuadrado mágico de Durero, de constante 34 —detalle de la obra *Melancholia* (reproducida en la página 235 de este mismo libro). La fecha de 1514 figura en la línea inferior del mismo.

Durero escribió a este respecto: «Jacobus no quiso indicarme claramente sus relaciones... No obstante, me mostró un hombre y una mujer trazados según determinadas medidas. En esa época, me interesaba menos visitar países desconocidos que penetrar en sus teorías».

Hallándose en la plenitud de su talento, el artista germánico regresó, por segunda vez, a la península Itálica. Tenía por entonces treinta y cuatro años. Sabemos que en esa oportunidad conoció al franciscano fray Luca Pacioli di Borgo, y es posible suponer que éste le enseñó la «Divina Proporción» de Platón y Pitágoras. Cuatro años más tarde, efectivamente, fray Luca publicaría una obra con este título. (Ver el capítulo sobre el número áureo.)

De Durero grabador, conocemos las quince planchas en madera del *Apocalipsis* (1498), y también espléndidos cobres, como *El caballero, La muerte y el diablo* y *La melancolía*. En esta última

Los cuatro jinetes del Apocalipsis, por Alberto Durero, incluido en su libro de quince grabados *Apocalipsis* (1498).

obra, cabe destacar cómo la imagen del ángel meditativo se inscribe en un pentágono estrellado (el «pentágono» pitagórico). También vale la pena mencionar la curiosa piedra tallada, colocada al pie de una escalera de siete peldaños (la tradicional «escalera de los sabios»). (Ver ilustración de la página 235.)

Sobre una pared al fondo, hay grabado un cuadrado mágico de orden 4 y de constante 34. Por un afán de diversión, Alberto Durero incluyó ingeniosamente en él la fecha de su obra, 1514, tal como puede apreciarse claramente en los dos casilleros medios de la línea inferior.

1.6. ALGUNOS CUADRADOS MÁGICOS EXTRAORDINARIOS

*Dios no existe
y nosotros somos su pueblo elegido.*
WOODY ALLEN

Los primeros dieciséis números pueden ser dispuestos de distinta manera. Por ejemplo, Frenicle demostró que había 878 posibles disposiciones para crear con ellos un cuadrado de orden 4.

$$
\begin{array}{cccc}
1 & 16 & 11 & 6 \\
13 & 4 & 7 & 10 \\
8 & 9 & 14 & 3 \\
12 & 5 & 2 & 15
\end{array}
$$

La suma de las cifras del cuadrado central también es igual a la constante del cuadrado: 34.

Cuadrados mágicos y figuras geométricas

Si intentamos representar gráficamente el dibujo que traza el pasaje de un número al otro en el interior de un cuadrado mágico, constatamos que el grafismo resultante es de una gran precisión y de gran belleza geométrica.

Aquí vemos un cuadrado de orden 4 y de constante 34, en el que los elementos han sido dispuestos según un diseño determinado.

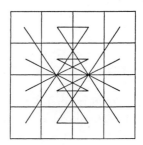

$$
\begin{array}{cccc}
1 & 15 & 14 & 4 \\
12 & 6 & 7 & 9 \\
8 & 10 & 11 & 5 \\
13 & 3 & 2 & 16
\end{array}
$$

Cuadrado mágico de orden 6

En este cuadrado, el total de cada alineamiento es 111. Dicho cuadrado es interesante, porque 111 es el valor númerico desarrollado de la letra *alef:* alef-lamed-fe (1 + 30 + 80 = 111).

6	25	24	13	7	36
35	11	14	20	29	2
33	27	16	22	10	3
4	28	15	21	9	34
32	8	23	17	26	5
1	12	19	18	30	31

El cuadrado mágico más antiguo: un cuadrado indio

En Khajuraho (India), hay un templo, edificado en los siglos XI y XII; en uno de sus pilares hay una cuadrícula que rodea toda la circunferencia del mismo, y que desplegada y transcrita en nuestra notación numérica presentaría este aspecto:

7	12	1	14
2	13	8	11
16	3	10	5
9	6	15	4

El total de las líneas, columnas y diagonales da 34. Se trata probablemenente del cuadrado mágico más antiguo que se conoce.

Los cuadrados diabólicos: cuadrado del silencio, del maestro o del santuario

Algunos cuadrados mágicos reciben el apelativo de «diabólicos» y poseen particularidades interesantes. Por ejemplo, en el cuadrado que presentamos a continuación, la suma de cada hilera, columna o diagonal es 65.

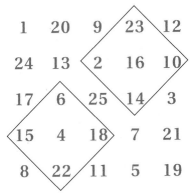

Un cuadrado mágico y kabalístico

También es posible realizar un cuadrado diabólico de constante 65, que contenga un cuadrado mágico central de constante 39.

23	8	5	4	25
20	14	15	10	6
19	9	13	17	7
2	16	11	12	24
1	18	21	22	3

Este cuadrado parece particularmente importante, porque los números que en él se revelan son números fundamentales para la kábala.

El número 65, la constante de este cuadrado, es el valor numérico del nombre *adny* o *adonai* (ver el capítulo «El valor numérico de los nombres divinos», en la página 238), y 39 es el valor de la expresión *Yhvh ehad*, «Dios es uno». 65 es también el valor numérico de «silencio» *(has)* y de «santuario» *(heyjal)*. En este sentido, este cuadrado mágico tendría un valor de talismán similar al de la *mezuzá* hebrea, pequeño pergamino que se coloca a la entrada de las casas y en las puertas. El carácter kabalístico de este cuadrado queda verificado por el hecho de que la diferencia de las dos constantes es:

$$65 - 39 = 26$$

El cuadrado ultramágico

Ahora presentamos un cuadrado ultramágico, en el que el total 40 se obtiene de veintidós maneras diferentes, según las cuatro hileras horizontales, las cuatro columnas verticales, y las dos diagonales. (Recordemos que 22 es el número de letras que contiene el alfabeto hebreo, al igual que de las cartas del tarot, sin entrar a jugar aquí con la posible relación entre Torá y tarot.)

1	15	20	4
18	6	7	9
8	16	11	5
13	3	2	22

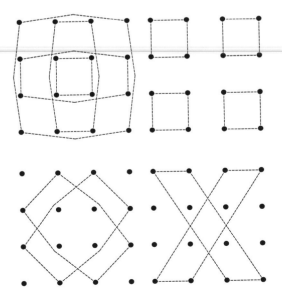

Una particularidad interesante

El cuadrado de Durero, *La melancolía*, presenta las mismas propiedades, a las que además se añade el siguente esquema:

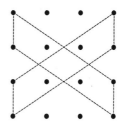

16	3	2	13
5	10	11	8
9	6	7	12
4	15	14	1

$$(16 + 5) + (12 + 1) = 34$$
$$(9 + 4) + (13 + 8) = 34$$

El cuadrado mágico de Euler

Este gran matemático alemán combinó un día, para su propia distracción, el siguiente cuadrado mágico, en el que la suma de todos los números que figuran en cada línea horizontal o vertical es igual a 260. La suma de cada semilínea es igual a 130.

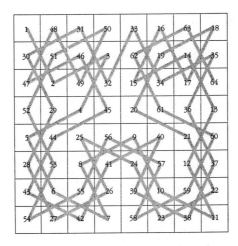

A nivel kabalístico, estos números son importantes. 260 es la guematria diferencial de *shem*, el «nombre», y 130, la guematria simple

de *sulam*, que quiere decir «escalera», como en el pasaje bíblico del sueño de Jacob.

Además, si partimos del 1, desplazándonos como el caballo del ajedrez para ir al 2, luego al 3..., se dibuja la trama simétrica que puede apreciarse en la figura.

Las estrellas mágicas

Existen también las estrellas mágicas. Se las puede construir en polígonos estrellados. Deben disponerse los números de tal manera que las sumas de los que figuran en cada lado de la estrella sean todas iguales entre sí. De modo que es posible construir heptágonos estrellados.

Por ejemplo, el de constante 30:

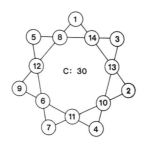

Se pueden construir estrellas mágicas perfectas a partir del hexagrama. Algunos llaman a estas estrellas «sello de Salomón», otros las llaman «escudo de David». La constante, con frecuencia, es de 26, el valor numérico del tetragrama *Yhvh*.

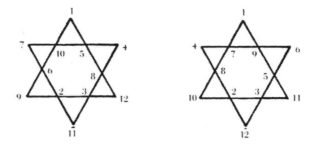

Si sólo hay números en las extremidades de la estrella, la suma da 21, es decir, el número triangular de 6 y el valor numérico del nombre de Dios, *Ehyeh*.

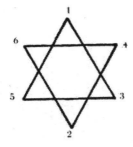

El hexágono mágico de Clifford W. Adams.

Adams tardó cuarenta y cinco años en descubrir, en 1957, este hexágono (de constante 38), pero perdió el papel en el que había anotado la solución, y le llevó otros cinco años encontrar de nuevo... el papel.

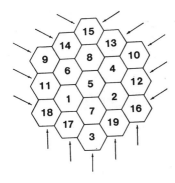

2. Alquimia y talismanes

2.1. LA ALQUIMIA

No hay que tocar los ídolos,
porque el dorado se queda pegado en los dedos.

GUSTAVE FLAUBERT

Los alquimistas, en su búsqueda de la piedra filosofal, definieron algunos cuadrados mágicos, en función de los planetas y de los materiales utilizados en sus diversas experiencias. A continuación presentaremos estas figuras, acompañadas en cada caso de un pequeño comentario.

El cuadrado de Saturno

(orden 3)
Es el cuadrado más universalmente conocido. Aparece con el nombre de Lo-Shu y de Salomón. Su constante de 15 corresponde en hebreo al nombre de Dios Yah (YH).

$$
\begin{array}{ccc}
4 & 9 & 2 \\
3 & 5 & 7 \\
8 & 1 & 6
\end{array}
$$

El material que corresponde a este cuadrado de Saturno es el plomo, pues en general se los inscribía sobre este metal, aunque también aparecen inscritos sobre telas nuevas o pergaminos vírgenes.

Servían como talismanes que facilitaban el parto, por lo que se los escribía sobre un pedazo de tela o de pergamino y se colocaban a los pies de la parturienta.

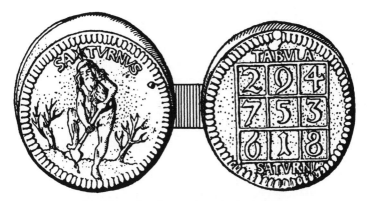

Medallón-talismán con el cuadrado de Saturno.

Pares e impares

Podemos agregar aquí una propiedad de este bello cuadrado mágico. Los números impares forman una cruz :

$$\begin{array}{ccc} 4 & 9 & 2 \\ 3 & 5 & 7 \\ 8 & 1 & 6 \end{array}$$

El cuadrado de Júpiter

(orden 4)

$$\begin{array}{cccc} 4 & 14 & 15 & 1 \\ 9 & 7 & 6 & 12 \\ 5 & 11 & 10 & 8 \\ 16 & 2 & 3 & 13 \end{array}$$

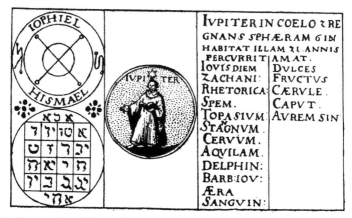

		IVPITER IN COELO ꝶ RE
		GNANS SPHÆRAM ꝺ IN
		HABITAT ILLAM ꝺl ANNIS
		PERCVRRIT AM AT.

IVPITER IN COELO ꝶ RE
GNANS SPHÆRAM ꝺ IN
HABITAT ILLAM ꝺl ANNIS
PERCVRRIT AM AT.
IOVIS DIEM   DVLCES
ZACHANI: FRVCTVS
RHETORICA: CÆRVLE.
SPEM.   CAPV T.
TOPASIVM AVREM SIN
STAGNVM.
CERVVM.
AQVILAM.
DELPHIN:
BARB:IOV:
ÆRA
SANGVIN:

Amuleto en el que figuran el cuadrado de Júpiter y una inscripción en hebreo
y en latín. El cuadrado está escrito con cifras-letras hebreas.

Este cuadrado es de constante 34. El metal correspondiente es el estaño. Se lo utiliza, grabado en coral, contra los maleficios. Otro cuadrado (ver debajo), compuesto de una combinatoria de 8, 6, 4, 2, y colocado bajo el ala de una paloma, tiene la propiedad de convencer a cualquier muchacha de aceptar una solicitud de matrimonio.

8	6	4	2
4	2	8	6
2	4	6	8
6	8	2	4

El cuadrado de Marte

(orden 5)

11	24	7	20	3
4	12	25	8	16
17	5	13	21	9
10	18	1	14	22
23	6	19	2	15

La constante de este cuadrado es 65. Este número, que encontramos en los nombres de Dios, también significa «silencio» y «santuario».

La suma de este cuadrado es de 325. El metal correspondiente es el hierro.

El cuadrado del Sol

(orden 6)

6	32	3	34	35	1
7	11	27	28	8	30
19	14	16	15	23	24
18	20	22	21	17	13
23	29	10	9	26	12
36	5	33	4	2	31

Su constante es de 111 y la suma del cuadrado es de 666, número mítico cuya significación aún sigue siendo enigmática. Este cuadrado contiene 36 casilleros, número que, tal como hemos visto anteriormente, es para la kábala el número de los justos ocultos.

El centro o «corazón» de este cuadrado da 2 veces 37, que es el «número de hombre» ($n^2 + 1$) de 6 ($6^2 + 1$). Señalemos además que 666 dividido por 37 da 18, número en el que vuelve a encontrarse el 666, bajo la forma 6 + 6 + 6. 18 es, asimismo, el número de la vida en hebreo, palabra que se pronuncia «jay» y que, por lo general, se lleva colgada del cuello como joya y taslismán.

El cuadrado de Venus

(orden 7)

22	47	16	41	10	35	4
5	23	48	17	42	11	29
30	6	24	49	18	36	12
13	31	7	25	43	19	37
38	14	32	1	26	44	20
21	39	8	33	2	27	45
46	15	40	9	34	3	28

Medallón talismán con el cuadrado mágico del Sol.

La constante de este cuadrado es 175. La suma del cuadrado equivale al número triangular de 49 (49 + 48 + 47 + ... + 1 = 1.225).

Se lo denomina también sello de Abraham, ya que Abraham vivió, de acuerdo con el texto bíblico, hasta los 175 años.

Como hemos expuesto en varias ocasiones, los cuadrados mágicos presentan una geometría interna de una gran armonía que resalta su carácter estructural. En el siguiente gráfico puede apreciarse la geometría interna del sello de Abraham o cuadrado de Venus. Este cuadrado es un talismán que confiere una vida larga y feliz.

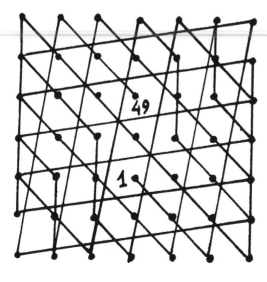

Geometría y dinámica interna del sello de Abraham.

El cuadrado de Mercurio

(orden 8)

El cuadrado de Mercurio posee una constante de 260, número que ya hemos encontrado como valor diferencial de la palabra «nombre» en hebreo *(shem)* y de las dos primeras letras del nombre de Moisés (ver capítulo: «Filosofía de la guematria», en la página 141). La suma total de este cuadrado es 2.080. El metal atribuido a este cuadrado es la aleación de plata. Por su estructura, este cuadrado corresponde al tablero de ajedrez, 8 por 8. También equivale, por lo tanto, a 2 veces 32 (las 32 vías de la Sabiduría).[12] Su corazón es un cruzamiento de 2 veces 65, uno de los números que ya hemos visto anteriormente. (Ver arriba, cuadrado de Marte.) Es el cuadrado de la sabiduría y la inteligencia.

8	58	59	5	4	62	63	1
49	15	14	52	53	11	10	56
41	23	22	44	45	19	18	48
32	34	35	29	28	38	39	25
40	26	27	37	36	30	31	33
17	47	46	20	21	43	42	24
9	55	54	12	13	51	50	16
64	2	3	61	60	6	7	57

El cuadrado de la Luna

(orden 9)

La suma total de este cuadrado es de 3.321. Su constante es de 369. Este número es equivalente al valor numérico de la expresión

---

12. Como expresa el epígrafe del capítulo sobre la isopsefia, la expresión «Las treinta y dos vías maravillosas de la sabiduría» se refiere, según el Sefer Yetzirá (Libro de la Creación), a las veintidós letras el alfabeto hebreo más las diez vocales, instrumentos de la Creación. Las diez vías también se identifican con los diez números primordiales, los diez infinitos, a su vez relacionados con las diez *sefirot* o emanaciones de la divinidad. *(N. del T.)*

hebrea «cuerno de oro», *keren hazahav*. Por ello, este cuadrado puede considerarse como un talismán para la buena suerte. A pesar de este relación con el oro, el metal que corresponde a este cuadrado es la «plata», metal asociado en muchas tradiciones a la Luna.

37	78	29	70	21	62	13	54	5
6	38	79	30	71	22	63	14	46
47	7	39	80	31	72	23	55	15
16	48	8	40	81	32	64	24	56
57	17	49	9	41	73	33	65	25
26	58	18	50	1	42	74	34	66
67	27	59	10	51	2	43	75	35
36	68	19	60	11	52	3	44	76
77	28	69	20	61	12	53	4	45

El cuadrado de la Tierra

(orden 10)

La constante de este cuadrado es de 505 y su suma total 5.050.

1	99	98	4	95	6	7	93	92	10
90	12	13	87	16	85	84	18	19	81
80	22	23	27	75	76	74	28	29	71
31	69	68	34	36	65	37	63	62	40
50	49	53	47	45	46	57	58	59	41
51	52	48	54	55	56	44	43	42	60
61	39	38	64	66	35	67	32	33	70
30	72	73	77	26	25	24	78	79	21
20	82	83	17	86	15	14	88	89	11
91	9	8	94	5	96	97	3	2	100

2.2. LA BIBLIA Y LOS CUADRADOS MÁGICOS

La maledicencia aparece como un rechazo
de la complejidad de lo real —tal es su gravedad...,
disfuncionamiento de la palabra...,
expresión descarriada de una palabra religiosa
que exigiría que un conocimiento
sea siempre verdadero o siempre falso
(objetivamente) y que alguien tenga razón o esté equivocado.
Esta disyuntiva encierrra una incapacidad
de soportar la relatividad
de las cosas humanas. Como si el universo
se desvelase como un simple enfrentamiento
entre el bien y el mal. Es en efecto una tendencia de los integristas
creerse capaces de responder a todas las preguntas
y de cerrar las brechas del sentido.
Explicar lo inexplicable, justificar a Dios.
El Talmud, por otro lado, tiene por vocación
expresar la ambigüedad del mundo y educar al hombre
para una sabiduría que es la de la incertidumbre,
para un espíritu que es el de la complejidad.

GILLES BERNHEIM

El pectoral del sumo sacerdote

Si bien es cierto que los textos tradicionales prueban el origen chino del cuadrado mágico, creemos que el imaginario surgido de esta particular figura, el hecho de que haya atrapado la atención de los magos, de los alquimistas y los kabalistas, tiene su origen en un pasaje bíblico, referente a la vestimenta del sumo sacerdote.

Para llevar a cabo el servicio dentro del santuario del desierto *(mishkán)* y más tarde en el templo sagrado de Jerusalén, el sumo sacerdote llevaba ocho prendas sacerdotales, descritas en el texto bíblico del Éxodo (capítulo 28, versículo 2 y ss.). De acuerdo con el Talmud, estas prendas tenían un poder de reparación de las faltas; es interesante destacar que el «manto» obraba la repación por la maledicencia.

La prenda más exterior era el pectoral, *joshen* en hebreo, también traducido como «racional» en algunas versiones; se trataba de una placa cuadrada, de un palmo por un palmo (aproximadamente 25 cm por 25 cm.), «de hilo torzal de lino, oro, púrpura violeta, púrpura escarlata y carmesí...» y guarnecido de doce piedras preciosas que llevaban grabados los nombres de las doce tribus de Israel. (Éxodo 28, 15.)

La serpiente, el adivino y el Mesías

El versículo insiste sobre la palabra «cuadrado»: *Ravua yihyé kaful, zeret orko ve zeret rojbo* («Cuadrado será, doble, de un palmo de largo y un palmo de ancho»).

La palabra *joshen* que designa al cuadrado es importante, puesto que las tres letras que la componen significan, con otro orden, «adivinar» *(najosh),* y quien utiliza este cuadrado se convierte en un «adivino». Resulta también llamativo que este verbo «adivinar» en hebreo singnifica, a la vez, «serpiente, *najash,* la serpiente que aparece en varios pasajes de la Biblia con funciones diferentes y a primera vista paradójicas: la serpiente que tienta a Eva a probar del fruto del árbol del conocimiento, o sea la serpiente del pecado original, la serpiente de los prodigios de Moisés y de los magos del faraón, la serpiente que muerde y mata en el desierto, la serpiente que cura en ese mismo desierto —probable origen del caduceo.

También es importante el valor numérico de esta palabra que es de 358 —el mismo valor que la palabra *Mashiaj,* es decir «Mesías».

Leer, combinar, interpretar y prever

Este cuadrado era realmente «mágico», en la medida en que cumplía una función oracular. El sumo sacerdote, el rey o el profeta formulaba una pregunta, y las piedras preciosas se iluminaban y destellaban, indicando la respuesta, en función de las letras de los nombres grabados sobre ellas. Seguía luego un gran trabajo de interpretación, pues cada nombre tenía varias letras; había que elegir una letra de cada piedra y luego combinar las escogidas, formando palabras y frases. Como quiera que sea, la idea de un cuadrado con poderes mágicos se impuso, a nuestro parecer, a partir de este periodo.

El número de la Bestia: «666»[13]

El Apocalipsis, último libro del Nuevo Testamento, es un mensaje profético de Jesús dirigido, por intermedio de su «discípulo Juan» (1, 1) a las siete Iglesias de Asia Menor. Es importante destacar que la palabra «apocalipsis» significa «revelación» y no «destrucción total del mundo en el fin de los tiempos».

Esta revelación de san Juan está redactada bajo la forma de un poema dramático y espectacular que anuncia el reino de la Justicia divina sobre la Tierra; las imágenes son más simbólicas que descriptivas, y san Juan, que poseía un gran conocimiento numerológico, derivado directamente de la guematria kabalística, recurre incesantemente al lenguaje de los números y de los colores.

El número de la Bestia, el célebre 666, es el más conocido de esta numerología. Sin lugar a dudas, san Juan era un iniciado y debía conocer todo el arsenal de los números pitagóricos. Al final del

---

13. El famoso número de la Bestia (*therion,* animal, fiera, víbora), que es «número de hombre», ha recibido diversas interpretaciones. «El número 666 en la clave guemátrica esconde el nombre de Nerón, prototipo del perseguidor religioso.» El poeta y mitógrafo Robert Graves escribe, en su libro *La diosa blanca,* que la primera interpretación es la de Ireneo, obispo del siglo II, según el cual el enigma aludiría a la palabra *lateinos* (el latino), denotando con ello la raza de la Bestia. Graves considera que esta interpretación resulta demasiado vaga, a la vez que la de Nerón tampoco se impondría por basarse en el valor numérico de la frase NERON KESAR, trancripta en hebreo NRVN QSR, transcripción en la que encuentra, no sin razón, algunas anomalías (QESAR en vez de KAISAR). Personalmente propone, según el valor de una sigla particular, ver en el famoso número al emperador Diomiciano. También alude a lo que él llama el disfraz cifrado empleado por el Talmud para referirse a Nerón, TRJVN, «bestia pequeña», que guemáticamente suma 666 (Tav = 400; Resh = 200; Yod = 10; Vav = 6; Nun = 50). Por otro lado, algunos manuscritos del Apocalipsis dan como cifra de la Bestia el número 616, y algún otro el 646.288. *(N. del T.)*

capítulo 13 de su poema, san Juan formula el enigma más famoso jamás planteado, a la manera en que Platón, algunos siglos antes, había planteado a los filósofos griegos el enigma del Alma del Mundo, al dar cuenta de las relaciones musicales.

Tras haber dicho que nadie podrá comprar ni vender, excepto aquel que tenga la marca, el nombre de la Bestia o la cifra de su nombre, formula de este modo el enunciado: «Aquí está la sabiduría. El que tenga la inteligencia calcule el número de la Bestia, porque es número de hombre. Su número es seiscientos sesenta y seis.» (Apocalipsis, 13, 18).[14]

¿Por qué 666? Un enigma para meditar...

Nos parece oportuno terminar este capítulo con este prodigio matemático: el cuadrado mágico del Apocalipsis, un cuadrado mágico de 6 por 6 bastante particular, en el que todos los valores son números primos (divisibles sólo por sí mismos y por 1), y en el que la suma de cada una de las líneas, columnas y diagonales es igual a 666, el número de la Bestia.

3	107	5	131	109	311
7	331	193	11	83	41
103	53	71	89	151	199
113	61	97	197	167	32
367	13	173	59	17	37
73	101	127	179	139	47

---

14. Este número se ha interpretado también como una alusión al Papa. Si se suman las letras que en el alfabeto latino tienen equivalencia numérica, la palabra VICARIVS FILII DEI (vicario de Hijo de Dios), se obtiene el número 666. (N. del R.)

2.3. CURACIÓN Y RELAJACIÓN

¿A qué se llama «un clásico»?
A un libro del que todos hablan
y nadie leyó.

ERNEST HEMINGWAY

La pregunta que suele plantearse cuando exponemos el funcionamiento de los cuadrados mágicos es: «¿Para qué sirven?». La respuesta es que sirven «para nada», que sirven para que la «nada» advenga.

El cuadrado mágico cumple una función de relajación, de apaciguamiento, posee un aspecto meditativo que encontramos en todas las prácticas espirituales del lejano oriente, en las que tarde o temprano se trata de alcanzar el punto de aniquilación o supresión de la mente, o *no-mind,* para decirlo con una expresión inglesa frecuentemente utilizada. Este espacio de la «nada» o *«no-mind land»* puede llamarse «grado cero del sentido» o «paralelo cero», que abre el hombre a una profunda y a veces difícil «designificación».

Esta «designificación» libera todos los elementos constitutivos de la lengua y la mente. Nace una nueva vía en el interior mismo de los ritmos, de todo el material lingüístico y numérico del pensamiento. Las palabras, las sílabas, las consonantes, las vocales, las medidas, los ritmos, las rimas, los distintos modos de escandir las frases, todo comienza a cambiar, a hablar, a responder... Todo se presta al juego del intercambio (y este proceso es un deleite). Hay un grado cero del sentido, que no es congelamiento del sentido, sino vida, movimiento y tiempo. Movimiento que introduce en la circulación de las energías vitales y, por consiguiente, en un equilibrio y bienestar. Se trata de poner en movimiento, mediante el juego de las cifras y los números que componen los cuadrados mágicos, el conjunto de los procesos psíquicos, movimiento que se produce también en el análisis de los principios que gobiernan el funcionamiento de estas figuras.

Las constantes de estos cuadrados mágicos, o ciertos números que constituyen su estructura íntima son números que encontramos en la kábala: 45, 65, 11, etc.

Puede resultar interesante, por ello, presentar algunos elementos de reflexión que unen la ciencia «mágica» de los cuadrados y la experiencia (o un aspecto de la experiencia) espiritual de la kábala. Retomando el ejemplo del pectoral del sumo sacerdote, según algunos comentaristas, el aspecto mágico de este «talismán» reposa en el carácter combinatorio de las letras y sus interpretaciones.

Pero el hecho de tener acceso a las letras, a la combinación y a la interpretación, que abren perspectivas psicológicas nuevas y desatan los nudos del lenguaje y de las situaciones difíciles, no se relaciona con la posesión de un poder *mágico pasivo*.

Es importante comprender que la magia de los cuadrados no depende, en esencia, de la existencia de los cuadrados y del posicionamiento de las cifras y de los números dentro de éstos, sino de todos los juegos y reflexiones posibles que esos posicionamientos permiten engendrar: de la importnacia primordial, por ejemplo, del cálculo, que verifica la exactitud de la constante de cada línea, de cada columna y de cada diagonal, de la introducción del pensamiento en un movimiento, cuyos pliegues y repliegues poseen virtudes terapéuticas.

Un «análisis poético»

Para el análisis de estos números y de estas letras, es posible hablar, como lo hace Gaston Bachelard, de un «análisis poético»: las imágenes se abren al ensueño. La poética de la imagen es una manera diferente de abordar al hombre. Como dice Bachelard: «Los filósofos y los psicólogos no saben todo. Los poetas tienen con respecto al hombre otras luces».

A veces, la verdad existencial del ser es captada más sutilmente por la imaginación que por las estadísticas, los tests y otros datos, en los que lo cuantificable, por más preciso que sea, no revela la profunda dimensión de lo vivido.

El análisis poético aporta, junto a la filosofía y otras ciencias humanas, una vía por la cual la imagen nos permite soñar, reinventar, reencontrar el dinamismo de la creación. Asimismo, la poesía y su análisis pueden llegar a liberar al ser humano de las imágenes preconcebidas o prefijadas para hacerlo entrar en una modalidad dinámica y creadora de la inteligencia.

Icosaedro hueco atribuido a Leonardo da Vinci.

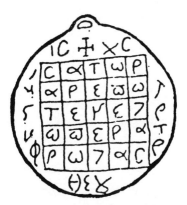

Medallón con el cuadrado mágico Sator-Rotas, uno de los cuadrados mágicos más famosos. A la izquierda, su reverso, con pequeños peces portadores de la buena suerte.

2.4. LOS AMORES ERÓTICOS ENTRE LA RECTA Y EL CÍRCULO: A MODO DE CONCLUSIÓN Y DE OBERTURA

No busco pensamientos que tiemblen.
Hay un rubor que pertenece al interior del alma.
En el sexto libro de Jin Ping Mei
aparece de golpe el hombre de letras Wen Bigu.
Tiene menos de cuarenta años.
Está ataviado como un hombre de letras,
dientes blancos [...]. Xen Qing lo saluda.
Le hace subir hasta la sala de recepción.
Le invita a tomar asiento. Le ofrece de beber,
finalmente se inclina hacia él: «¿Cuál es vuestro nombre?».
Wen Bigu le responde:
«Mi humilde nombre es Bigu (Necesidad de imitar a los Antiguos).
Mi apellido es Rixin (Renovarse día a día)».
Beben el té a la luz de una antorcha.

PASCAL QUIGNARD

Una pequeña historia

Había en la Antigua Grecia un célebre sabio que viajaba por todas partes, dando conferencias. Este tipo de personas recibían el nombre de sofistas. Cuando este ilustre sofista regresó un día a Atenas, tras una gira de conferencias por Asia Menor, se encontró en la calle con Sócrates.

Éste tenía la costumbre de pasar todo el día en las calles, hablando con la gente, conversando, por ejemplo, con un zapatero, sobre qué es zapato. Sócrates no tenía otro tema de conversación que no fuera éste: ¿qué son las cosas?

—¿Siempre estás aquí? —preguntó irritado el sofista a Sócrates, con suficiencia—. ¿Y dices siempre lo mismo sobre lo mismo?

—Sí —respondió Sócrates—, eso es lo que hago. Pero tú que eres particularmente listo, seguramente nunca dices lo mismo sobre lo mismo.

¿Qué es lo «mismo sobre lo mismo»? La fórmula es extraña. El análisis sobre los inicios de las matemáticas nos permitirá responder a esta pregunta.

El sentido de la palabra «matemáticas»

La historia de las matemáticas se desarrolla a lo largo de casi 2.500 años y sus centros de gravedad, con frecuencia, se desplazaron, tanto con respecto a sus objetos de estudio como a los lugares de su florecimiento. Hemos podido notar que, desde los comienzos de esta historia, y en particular durante el periodo griego (algo que aún resultará muy visible siglos más tarde, como por ejemplo, en el caso de Pascal y Descartes, que eran grandes matemáticos al igual que filósofos), las matemáticas y la filosofía están estrechamente relacionadas, y nuestra preocupación fundamental es resaltar la pertinencia de esta relación.

Una de las las líneas directrices de esta articulación podría leerse rastreando, a lo largo de los siglos, los distinos sentidos de la palabra «matemáticas», desde su acepción griega original hasta nuestros días. La cuestión subyacente sería la significación que cada matemático ha dado a esta palabra que designa su práctica. Pregunta ardua, tanto como lo es para un filósofo la siguiente pregunta: «¿Qué es la filosofía?». O para un escritor: «¿Qué es la literatura o la poesía?». ¿La palabra «matemáticas» tiene el mismo sentido para Tales que para Pitágoras, para Fermat que para Evariste Galois, por ejemplo? Contar, clasificar, enumerar, agrupar, multiplicar, todas estas operaciones de la mente, todos estos movimientos psíquicos no son neutros. Hay, detrás de la manera de recortar y de organizar el mundo, una serie de presupuestos que es necesario descifrar y que permiten comprender la evolución y las mutaciones de una ciencia.

Una evolución mental: un camino hacia la idealidad

¿Qué es lo «matemático»?

Si esta ciencia nació en un momento dado de la historia de la humanidad es porque corresponde a una mutación, a una nueva manera de ver el mundo y de analizarlo. Es necesario, por lo tanto, comprender el antes y el después de este corte epistemológico, como dice la filosofía.

¿Lo matemático? Lo más simple y más justo es interrogar a las palabras. Recordemos que «matemático» viene del griego *mathémata*.

Es «lo que puede ser aprendido» y, por consiguiente, «lo que puede ser enseñado». *Manthanein* significa «aprender»; *mathesis* signifia «lección», en el doble sentido de «aquello que se aprende» y de «aquello que se enseña». El enseñar y aprender son aquí tomados en un sentido amplio, y al mismo tiempo, esencial, no en el sentido ulterior, estricto y derivado, de la escuela y el erudito.

Mathesis es, como hemos visto, el acto de aprender; *mathemata*, lo que puede aprenderse. Según se ha dicho, esta designación apunta, entonces, a las cosas en tanto éstas pueden ser aprendidas. Aprender es un modo de aprehensión, y de apropiación.

Pero prender, asir o agarrar, no es *aprender*. Podemos agarrar una piedra, por ejemplo, llevarla y colocarla en una colección de minerales, y lo mismo con una planta. Prender o asir algo, quiere decir «entrar de cierta manera en posesión de una cosa y disponer de ella».

Pero ¿*aprender*? ¿Qué es lo que se aprehende de las cosas cuando se *aprende*, y cómo se aprehende eso que se *aprende*? Lo que se aprehende es «la idea de...». Es lo que, a partir de Platón, llamanos «la esencia de las cosas». La *idea* de la cosa. Es el cuerpo en tanto corporeidad, es en la planta la «plantidad» (neologismo heideggeriano), en el animal la animalidad, en la cosa la «cosidad», en el hombre su humanidad, etc. ¡Es la «zapatidad» como ideal del zapato! (Sobre esta cuestión, ver Martin Heidegger, *La pregunta por la cosa*, Orbis, Barcelona, 1986.) Es esta manera de ver el mundo a partir de la *idea de las cosas* y no de las cosas singulares en sí mismas lo que funda la era de las matemáticas.

La revolución matemática

Comprender las mátemáticas, y en particular el nacimiento de las matemáticas, es comprender el aspecto revolucionario de esta ciencia. ¿Cuál es su novedad?

Los babilonios y los egipcios precedieron a los griegos y fueron, a la vez, sus contemporáneos. Esos primeros pueblos ya poseían un saber numérico/numeral y técnico muy desarrollado. ¿Por qué ese saber no constituye la fecha de nacimiento de las matemáticas? ¿Por qué ese saber, si bien a veces muy sofisticado, no es más que un simple precursor? Responder a este interrogante es esencial e intentaremos hacerlo, tomando como ejemplo el caso de Tales.

Las matemáticas comienzan en Grecia con la geometría ·

Este término viene del latín *geometria,* a su vez, un préstamo del griego *geômetria,* de *gê,* la «Tierra», y de *metria,* «técnica y ciencia de la medición». Nos encontramos en el siglo VII a. C., en las costas de Anatolia. Mientras que en Sardes, la capital del imperio lidio, reina un monarca despótico, en la cercana Jonia, ningún rey gobierna en Mileto. La ciudad es una de las primeras ciudades-estado de Grecia. Una ciudad libre. Tales nació allí, alrededor del año 620. A él pertenece la célebre fórmula: «Conócete a ti mismo». Fue uno de los Siete Sabios de la Antigua Grecia, y el primero en enunciar resultados generales, respecto de los objetos matemáticos.

Tales no se ocupó mucho de los números, se interesó principalmente en las figuras geométricas, círculos, rectas, triángulos. Fue el primero en considerar al ángulo como un ente matemático, haciendo de él la cuarta magnitud matemática, para añadirla al trío ya existente de longitud, superficie y volumen.

El erotismo entre la recta y el círculo

La historia transcurre en un plano y pone en escena una recta y un círculo. ¿Qué puede ocurrir entre una recta y un círculo? Hay dos posibilidades: o la recta corta el círculo o no lo corta. También existe la posibilidad de que lo roce...

Si lo corta, lo divide forzosamente en dos partes. ¿Cómo debe estar situada la recta para que las dos partes sean iguales? Tales dio la respuesta: para que la recta corte al círculo en dos partes iguales, debe necesariamente pasar por el centro. ¡Ser su diámetro! El diámetro es el segmento más largo que el círculo abriga en su seno, lo atraviesa en toda su longitud. Es por esto que puede decirse que el diámetro «mide» al círculo. Los comentarios de Tales son, sin duda, importantes, interesantes, pero ¿en qué sentido puede decirse que constituyen el fundamento, el nacimiento de las matemáticas?

En realidad, comenzamos a sugerir la explicación de este hecho en las lineas precedentes, cuando dijimos que él fue el primero en plantear principios generales.

En otras palabras, la respuesta de Tales no concierne a un círculo en particular, sino a cualquier círculo. Tales no propuso un resultado numérico establecido a partir de un objeto singular, como sucedía antes de él, con los egipcios o los babilonios. Su ambición era la de emitir verdades respecto de toda una clase de entidades. Una clase infinita. Quería afirmar verdades para una infinidad de objetos del mundo. Era una ambición de una novedad absoluta. Para lograr su objetivo, Tales se vería obligado a concebir, teniendo como único medio para ello su propio pensamiento, un ser ideal, «el círculo», que es, de alguna manera, la representación de todos los círculos del mundo.

Fue porque se interesó en todos los círculos del mundo, y no en un puñado de ellos, fue porque pretendía afirmar respecto de ellos verdades que tienen su fundamento en la naturaleza misma del círculo, que es posible adjudicarle el título de «primer matemático de la historia». Era una manera extraordinariamente novedosa de ver las cosas.

En nuestro ejemplo del círculo y de la recta, el hecho de haber enunciado una frase como «Toda recta que pasa por el centro de un círculo lo divide en dos partes iguales» representó una revolución intelectual de una magnitud tal que el mundo científico y filosófico se abrió entonces a una nueva era de su historia.

Hacia la fórmula general

Podemos comprender ahora el sentido de la respuesta de Sócrates: «Lo mismo sobre lo mismo». Es lo que se mantiene idéntico cualquiera que sea el objeto. Son sus propiedades generales que no dependen de tal o cual objeto. De este modo, al descubrir una ley matemática, encontramos, en cada caso, lo mismo, la misma ley para la misma categoría de objetos, que son todos los círculos singulares y particulares. Que el círculo esté trazado con tiza sobre el suelo o sobre un pizarrón, que sea rojo o verde, etc., siempre regirán las mismas leyes...

¡Así nacieron las matemáticas!

Libro cuarto: Anexos

DE LAS IDEAS Y LOS SERES HUMANOS

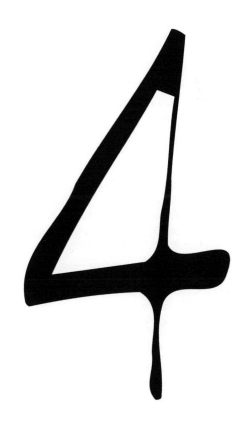

Glosario de nombres comunes

La realización de este glosario se basó en distintas fuentes bibliográficas, en especial en Stella Baruk, *Dictionnaire de mathématiques élémentaires*, Le Seuil, 1992, y Bertrand Hauchecorne, *Les mots et les maths*, Ellipses, París 2003.

A

abacista Persona que utilizaba el ábaco. (Ver *algorista*.)

ábaco Tabla de cálculo con fichas denominadas ápices.

aleatorio El latín poseía ya el término *aleatorius*, concerniente al juego, adjetivo formado sobre *alea*, que designa el juego de dados. «Aleatorio» aparece en el siglo XVI y significaba «sometido al azar». Es recién en el siglo XIX que toma el sentido de «incierto». En matemáticas, aparece a principios del siglo XX, con la formalización del cálculo de probabilidades, en el término *variable aleatoria*.

alef Alef es la primera letra del alfabeto hebreo. De su antecedente cananeo proviene también el *alfa* griego. Fue utilizada por los hebreos para escribir los números 1 y 1.000. En 1811, Wronski, matemático místico de origen polaco, se sirvió de ella para designar ciertas funciones. Fue en 1895 que Cantor nombró los cardinales transfinitos con esta letra. Esta notación suplantó la de Peano.

álgebra El término álgebra proviene del árabe *al-jabr*, que aparece en el título del libro de al-Jwarizmi *Kitab al-jabr wa l-muqabala*. Significa «restablecer, volver a poner en su lugar». En esta obra, consistía en cambiar de lado en una ecuación los términos de signo negativo para volverlos positivos. En España, antiguamente podía leerse *algebrista* y *sangrador* en los carteles de ciertos sanadores; así se denominaban quienes se dedicaban a colocar los huesos en su lugar y practicaban sangrías. En el Renacimiento, el álgebra designa una extensión de los métodos de cálculo, generalizados a números eventualmente negativos, con empleo de incógnitas y parámetros. A principios del XIX, el álgebra aún se consideraba una aritmética con símbolos. La construcción de números complejos, a principios del siglo XIX, y la de los cuaternios de Hamilton en 1843 llevan a imaginar hipernúmeros. Las nuevas estructuras se alejan mucho de la concepción habitual que se tiene del número, por lo que se define una nueva estructura llamada *álgebra*.

algorista Nombre dado en la Edad Media a las personas que utilizaban, para hacer los cálculos, las nuevas cifras indoárabes. Se oponían a los abacistas, quienes aún utilizaban tablas *(ábacos)* y fichas (ápices). Se habla en este sentido de la disputa de los abacistas y los algoristas.

algoritmo *Algorithmus* en latín, castellanizado como «algoritmo». Deformación del nombre del matemático persa al-Jwarizmi. La terminación del está influenciada por la palabra griega *arithmos*, «número», que encontramos en los vocablos aritmética y logaritmo. Este término significa el conjunto de operaciones necesarias que deben seguirse para obtener un determinado resultado.

ápices Pequeñas fichas de madera o cuerno sobre las cuales iban inscritas las cifras del 1 al 9, sistema que posibilitó la introducción de los cifras indoárabes en Occidente, a principios del siglo XI.

aritmética Conjunto de saberes que tratan de los números enteros y los números que se deducen de ellos. La palabra griega *arithmos* (número) dio el adjetivo sustantivado *arithmetiké* en griego y *arithmetica* (la ciencia de los números) en latín. Los griegos diferenciaban la logística de la aritmética. La primera era el arte del cálculo, es decir el manejo de las operaciones; la segunda era más teórica, más próxima a lo que hoy en día llamaríamos «teoría de números». La primera era despreciada por las grandes mentes y, sobre todo, era utilizada por los comerciantes; probablemente por esto sólo la segunda llegó hasta nosotros.

aritmogeometría Saber pitagórico que deducía las propiedades aritméticas a partir de consideraciones geométricas, en particular sobre los números figurados.

aritmología Empleo del sentido simbólico de los números.

azar Esta palabra se empleaba corrientemente en los primeros intercambios epistolares, al comienzo del cálculo de probabilidades. El vocablo árabe *az-zar* designa al juego de dados. *Az* es el artículo determinado árabe *al*, cuya consonate final se asimila a determinadas consonantes iniciales de la palabra siguiente. El sentido de «elemento fortuito» data del siglo XVI.

C

cábala Cristianización de la kábala hebrea tradicional que tuvo lugar durante el Renacimiento, por síntesis con las ideas pitagóricas y platónicas redescubiertas, gracias a la toma de Constantinopla y la huida hacia Italia de los sabios bizantinos. En los casos en que la kábala tradicional hebrea se escribe «kábala», tal como sucede generalmente en castellano, esta distinción entre estas dos corrientes se marca, añadiendo el adjetivo «cristiana» a la respectiva versión. (Sobre la definición de la kábala hebrea ver *kábala*.)

cálculo Para los romanos, la palabra *calculus* designaba un guijarro. Sin duda del griego *khalix*, con igual sentido, y no de *calx* (cal), como creen algunos. Los niños romanos aprendían a contar con guijarros. En latín clásico, «contar» se decía «computare», de donde proviene la palabra computación y computadora (ordenador). En latín bajo, se decía *calculare*. Nuestra palabra en castellano proviene de esta forma del latín tardío.

caos El griego *khaos* (o *jaos*) designa al estado de confusión que reina en el universo, antes de la aparición de los dioses. Los traductores de la Biblia lo utilizaron para traducir la expresión «*tohu-bohu*» de los hebreos, de sentido análogo en relación a su dios.

cardinal La palabra latina *cardo*, «gozne» o «pivote» de una puerta, dio el adjetivo *cardinales*. En castellano esta palabra significa «principal», «fundamental». Se habla así de las cuatro virtudes cardinales (aquellas sobre las que reposa la moral) y de los «cuatro puntos cardinales». De esta misma palabra proviene el término utilizado por la Iglesia católica para designar a los sacerdaotes más importanes (cardenal). En matemáticas, el adjetivo cardinal comienza a emplearse en el siglo XVIII, cuando se lo opone al término ordinal. Un número puede indicar una cantidad (número de), un lugar o ser una identidad numérica (es el número teórico, el número que encontramos en la «teoría de números»).

Cuando un número indica un lugar, un orden en una serie, se trata de un número ordinal. Cuando no es ordinal, el número es cardinal, ya indique una cantidad o se trate de un número teórico.

El mes de diciembre, por ejemplo, tiene 31 días. El número 31 indica la cantidad total de días de este mes; es por ende un número cardinal. Si, en cambio, considermos una expresión como «el 31 de diciembre», el número 31 no está empleado bajo su aspecto cardinal. Se trata en realidad del «trigésimo tercer» día de diciembre: especifica el rango de un elemento determinado (en este caso, el último) de un conjunto que comprende treinta y un días; por consiguiente, se trata sin lugar a dudas de un número ordinal.

cero Cifra que por sí misma no tiene ningún valor, pero que vuelve diez veces mayor aquella que la precede. Los indios inventaron el cero a principios de la Edad Media. Designaba inicialmente la ausencia de objeto, luego la ausencia de unidad, de decena o de centena en la numeración de posición. Luego la utilizaron los matemáticos árabes, quienes la denominaron *sifr*, palabra que significaba vacío. Esta palabra pasó, por un lado, al latín medieval (idioma en el que está escrita la mayoría de los textos científicos de esa época), bajo la forma de *ciphra* y, por el otro, al italiano bajo la forma de *zefiro*. Utilizado primeramente para designar el 0 de los números, en el siglo XX, comenzó a designar de manera más general el elemento neutro de la suma de un cuerpo, pero también los elementos que anulan una función. Se habla también de los ceros de un polígono.

cifra Curiosamente, «cifra» y «cero» tienen el mismo origen. Los árabes adoptaron el cero hacia el siglo IX, bajo el nombre de *sifr*, que significa «vacío». Esta palabra fue transcrita como *cifra*. En latín medieval se pronunciaba a la italiana, *chifra*. Las cifras modernas aparecieron en Francia alrededor del año 1000, bajo la influencia del papa matemático Gerberto de Aurillac. Sin embargo, no fue hasta el Renacimiento que su uso se generalizó, con el desarrollo del comercio y la imprenta. Por extensión, estos nuevos símbolos se denominaron «cifras» en su conjunto, en oposición al sistema de notación latino.

coma *Kómma*, en griego, designaba un fragmento, un pedazo cortado de algo (del verbo *koptein* «cortar»), y en gramática o retórica, un inciso, o miembro de un periodo; en latín, *comma* tiene igual significado, al que se agrega el de parte del verso. En matemáticas, se considera que, en general, las fracciones decimales fueron introducidas por Stevin en 1585, si bien antes pueden encontrarse algunos rudimentos, aunque sin una verdadera comprensión del problema. Hubo múltiples formas de notación para designar la separación entre la parte entera y la parte decimal. La primera aparición de la coma con esta función data de principios del siglo XVII, pero habrá que esperar más de un siglo para que se imponga en toda Europa.

conjetura Hipótesis matemática que se puede verificar pero que no puede probarse o que aún no ha sido demostrada.

constante En matemáticas, designa la suma de líneas, siempre idéntica, en un cuadrado mágico.

cosmos Nombre utilizado por Pitágoras para designar al universo, en tanto conjunto armónico comprensible por medio del número.

criba de Eratóstenes Procedimiento simple para generar la serie de los números primos, tachando de 2 en 2, de 3 en 3, etc. los enteros sucesivos.

cuadrado largo Rectángulo formado por dos cuadrados unidos. Si el lado de éstos vale 1, la diagonal del cuadrado largo vale raíz cuadrada de 5.

cuadrado mágico disposición de n^2 números situados en los casilleros de un cuadrado de lado n, de forma tal que las sumas parciales según las líneas, columnas o diagonales sean siempre las mismas, iguales a lo que se denomina la constante del cuadrado. Se puede citar el ejemplo del cuadrado mágico llamado «del Apocalipsis», de tamaño 6 por 6, en el que los valores son números primos y cuya constante es 666, el número llamado «de la Bestia», citado por san Juan en el Apocalipsis.

cuadratura En latín clásico, el adjetivo *quadratus* significaba «cuadrado». El término «cuadratura» fue adoptado del bajo latín *quadratura*, alrededor del año 1400, para designar la operación que permitía construir, con regla y compás, un cuadrado de la misma superficie que una figura delimitada por una curva cerrada. Esto permite, en particular, calcular su superficie. Ya en esta época se habla de la «cuadratura del círculo» como de algo imposible de realizar. Habrá que esperar, sin embargo, hasta 1881 y la desmostración de Lindemann de la trascendencia de π para justificar su imposibilidad. En el Renacimiento y hasta la introducción del cálculo integral, poco antes de 1700, realizar la cuadratura de una curva significaba calcular la superficie que ésta englobaba.

cuatrocientos noventa y ocho Tercero de los números perfectos, después del 6 y el 28.

cubo Del griego *kybos,* cuyo sentido se generalizó a todo objeto de forma cúbica, de allí también al dado, por lo que designaba, a su vez, el azar. Platón asociaba al cubo el elemento Tierra. También expresa una potencia de un número, multiplicado tres veces por sí mismo, y se escribe n^3; ejemplo: $2^3 = 2 \times 2 \times 2 = 8$.

cuerpos platónicos Ver Poliedro regular.

D

década sagrada pitagórica Se trata del número 10, resultado de la suma de la Tetraktys sagrada $1 + 2 + 3 + 4$.

decimal Palabra formada sobre el término latino *decimus,* «decimo». En la Edad Media, calificaba lo relativo al diezmo, impuesto que consistía en pagar un décimo de los ingresos. Diezmar una manada, o un ejército, significaba, originariamente, matar su décima parte. Decimal cae en desuso al mismo tiempo que el impuesto correspondiente. Tras la introducción de la notación actual de los números no enteros, con la ayuda de cifras colocadas antes y después de un separador (actualmente una coma), el adjetivo decimal reaparece hacia 1680. Se hace sentir la necesidad de dar un nombre a las cifras después de la coma. La palabra se sustantiva y se habla de decimales, por ejemplo, de los decimales del número π.

diámetro En griego, *diametros* designa la diagonal (*diagonalis* para los romanos). Esta palabra está formada de *dia* (a través) y *metron,* que designaba la medida, pero también el espacio medido. En castellano se aplica primero al círculo, luego a la esfera.

diofántica/o Las ecuaciones diofánticas deben su nombre a Diofanto, matemático sirio de cultura griega, que vivió en Alejandría en el siglo III de nuestra era. Diofanto halló las soluciones completas de un cierto número de ecuaciones. Su obra se divulgó en el siglo XVII, gracias a la traducción en latín de Bachet de Méziriac, y su utilización por parte de Fermat.

dodecaedro Poliedro regular cuyas caras son doce pentágonos. Platón hizo de él el modelo del Cosmos.

E

ecuación Para los romanos, *aequatio* significaba «igualación», «equiparación». El latín medieval emplea la palabra «ecuación» en el sentido de «igualdad». Descartes, en 1637, es el primero en utilizar esta palabra en su acepción actual. A partir de ese momento, su sentido no varió, ni aún en el caso de que los términos de una determinada ecuación se diversifiquen en su naturaleza. El empleo de la palabara «ecuación» en química data del siglo XIX.

F

factorial Escrito «n!»: se trata del producto de todos los números enteros hasta «n» inclusive. Ejemplo: $4! = 1 \times 2 \times 3 \times 4 = 24$. Es el número de permutaciones de una palabra o un número de n letras o cifras diferentes.

factorión (Ver *número narcisista factorial.*)

Fibonacci, serie de Serie regular de números tal que cada uno de ellos es la suma de los dos anteriores. Esta serie se compone de los números 1, 1, 2, 3, 5, 8, 13, 21, 34, 55, 89, etc. (Ver *número áureo.*)

fracción Esta palabra proviene del latín tardío *fractio*, que a su vez deriva de *frangere*, que significa «romper». En el siglo XII, «fracción» sólo se emplea en el lenguaje religioso y significa «romper la hostia». En francés, la palabra fracción aparece empleada en matemáticas por Pelletier, en 1549. Fue en el siglo XIX que adquirió el sentido de «parte de una organización». Originariamente, la fracción no era considerada un número. Durante mucho tiempo, «tres quintos» significaba «tres entre cinco», sin que se conceptualizara el número que actualmente se escribe 0,6.

G

geometría Conjunto de conocimientos que tratan sobre el estudio de las figuras trazadas en el plano y el espacio.

googol Número muy grande. Se escribe mediante un 1 seguido de diez mil ceros.

guematria Nombre dado al conjunto de cálculos posibles, a partir de la equivalencia numérica de las letras del alfabeto hebreo. Dado que cada letra hebrea (y según la numerología, cada letra en general) es un número, toda palabra y toda frase posee un valor numérico. La relación entre distintas palabras que poseen igual valor numérico y el análisis de estos valores y de sus relaciones semánticas constituye la *guematria.* (Ver *kábala* y *logo-ritmo.*)

H

hexágono Poliedro regular de seis caras.

hexagrama *Gramma* designa en griego «el trazo», lo «trazado» y *hexa* significa «seis». Un hexagrama es un conjunto de seis letras. Esta palabra fue introducida en matemáticas por Blaise Pascal. Designa la figura del famoso teorema referente a seis puntos, designados con letras, inscritos en un cono. Es también una figura geométrica que tiene la forma de una estrella de seis puntas conformada por dos triángulos equiláteros entrelazados, y que significa la unión armoniosa de lo inferior y lo superior, del microcosmos y del macrocosmos. También se llama el escudo o la estrella de David o el sello de Salomón en las tradiciones esotéricas. Ciertos números asociados a los vértices e intersecciones de esta estrella dan a veces una «estrella mágica», en la que la suma de los números de cada línea es idéntica a la suma de las otras líneas (a menudo 26). (Ver *cuadrado mágico.*) También se da este nombre a 64 combinaciones distintas, compuestas cada una de ellas por 6 trazos enteros o partidos, y que forman el contenido del célebre libro oracular chino, *I Ching* o *Libro de las mutaciones.*

hipotenusa Los antiguos colocaban el ángulo recto de un triángulo rectángulo en la parte superior de la figura. Esto explica la prefijación de la preposición *hipo* (debajo) al verbo *teinein* (tender, estirar). Así para los griegos, la hipotenusa sostiene los dos lados del ángulo recto, sujetándolos por debajo. *La palabra hipotenusa* ya se usaba en latín, de allí entró en las lenguas europeas con los primeros escritos de geometría en lengua vulgar.

hipótesis Esta palabra de origen griego está formada por el prefijo *hypo* (debajo) y el sustantivo *thesis* (acción de posar, erigir). La hipótesis es, de algún modo, algo que se coloca por debajo, que se «subpone». De hecho, la palabra «suposición» es un calco latino del término griego, y está formada por el sufijo *sub* (debajo), equivalente de *hypo*, y el verbo *ponere* (posar, colocar). Para los griegos, la hipótesis era el fundamento del razonamiento, su raíz. Se coloca por debajo al teorizar, porque representaba aquello que lo sostiene y sirve de base. «Hipótesis» entró en las lenguas de Europa occidental en el Renacimiento con el impulso que recibió el estudio de las ciencias.

icosaedro Poliedro regular, cuyas caras están formadas por veinte triángulos equiláteros. Platón asociaba a esta figura el elemento Agua.

imaginario Del latín *imaginarius*, que designa lo que existe en la imaginación, las imágenes creadas por la mente. En Francés, René Descartes parece haber sido el primero en emplear el término en 1637, en la «Geometría», apéndice anexo al *Discurso del método*. El filósofo utiliza este término al explicar que uno puede imaginar raíces, sin que ellas correspondan a cantidades que existan, pero utiliza el término como una simple palabra de la lengua corriente, sin llegar a definir el concepto. Habrá que esperar hasta el artículo de Euler «Investigación sobre las raíces imaginarias de las ecuaciones», aparecido en 1749, para contar con una definición: «Llamamos cantidad imaginaria a aquella que no es ni más grande que cero ni más pequeña que cero ni igual a cero; lo que es imposible».

impar Número que no puede ser dividido en dos números enteros iguales. Por ejemplo: «3», que es el primer número impar entre los enteros naturales. Mediante suma consigo mismo, todo número impar genera su complementario, el par, y por consiguiente se revela más poderoso que éste. Ejemplo: 3 + 3 = 6; 3 es impar, 6 es par. El principio del impar es el número tres. Según las tradiciones esotéricas pitagóricas y chinas, los pares son femeninos y los impares masculinos.

inconmensurable Este adjetivo existía ya en latín y se utilizaba para designar «lo que no tiene medida común». Es importante recordar que los antiguos, siguiendo a Eudoxio, diferenciaban «número» y «medida» de «magnitud». Para ellos, una magnitud era por ejemplo una longitud, una superficie, un volumen o un peso. Medir una magnitud consistía en transportarla, eventualmente de forma mental, tantas veces como fuera

necesario para obtener la misma medida que la magnitud patrón un determinado número de veces. Cuando esto resultaba posible, las magnitudes eran conmensurables entre sí. En el caso inverso, se decía que las magnitudes eran inconmensurables. Los pitágoricos mostraron que la diagonal de un cuadrado y su lado son inconmensurables. Diderot fue el primero que empleó la palabra «inconmensurable» en francés para designar a aquello que es demasiado grande para ser medido. Evidentemente se trata de una corrupción del sentido originario.

iso- El prefijo griego *iso-* es muy productivo en el lenguaje científico para la formación de palabras, en especial desde principios del siglo XIX. Proviene del adjetivo *isos*, que significa «igual en número y en fuerza» y luego, «igual» en sentido general.

isósceles En griego, *isoskelês*, significa «que tiene dos piernas iguales». Por extensión, califica a un triángulo que tiene dos lados iguales o a un número par, es decir que puede dividirse en dos números iguales.

K

kábala Doctrina mística hebrea transmitida tradicionalmente de maestro a discípulo. La palabra significa precisamente «recepción» y su finalidad es hacer que el hombre acceda a los secretos del mundo terrestre y de los mundos superiores, mediante un conocimiento y una práctica obtenidos a través de un conjunto de técnicas de interpretación de textos, entre las cuales se cuenta la guematria. La kábala es, a la vez, una teología, una filosofía de vida, una matemática y una geometría del lenguaje.

L

logaritmo Al definir por primera vez los logaritmos en 1614, Neper también les dio su nombre. Esta palabra está construida con las palabras griegas *logos* (en el sentido de relación) y *arithmos* (número). Para comprender esta etimología, hay que recordar que Neper definió el logaritmo como la relación de la distancia a ser recorrida por dos móviles, uno desplazándose a una velocidad constante, el otro a una velocidad proporcional a la distancia que queda por recorrer.

logometría Palabra que introducimos para traducir el término guematria y señalar que ésta es medida del lenguaje y no de la realidad de los objetos físicos.

logo-ritmo El término «logo-ritmo» fue introducido por primera vez en matemática recreativa por L. Sallows, en un artículo publicado en 1994 («The Lighter Side of Mathemathics»). Sallows designa con el término logo-ritmo el número de letras que componen una palabra. Por ejemplo, el logo-ritmo de «matemáticas» es de «11». Para Sallows, estos logo-ritmos intervienen en la creación de cuadrados mágicos en los que aparecen palabras y no simplemente cifras y números.

logo-rythmo Es una extensión del sentido de logo-ritmo de Sallows. Designa en principio la relación esencial que existe entre letras y números (como en la guematria, por ejemplo), lo que permite plantear equivalencias numéricas entre diferentes palabras y reflexionar sobre la proximidad y la articulación de sus significados. Es, en segunda instancia, el conjunto de las manifestaciones vibratorias exteriores o interiores, cuya presencia y eficacia rara vez se evidencian en la vida cotidiana pero que precisamente el análisis mediante le concepto de logo-rythmo permite captar y revelar.

M

matemáticas La palabra «matemáticas» proviene del griego *mathema*, o más exactamente de su plural *mathemata*. Designaba tanto el hecho de aprender como su resultado: el conocimiento, la ciencia. Bajo la influencia de Platón y Aristóteles, para quienes las matemáticas eran un saber fundamental, la palabra se especializó, restringiéndose a lo que nosotros denominamos matemáticas, en el sentido más amplio del término. Los romanos, y luego los escolásticos, designaron con el nombre de *ars mathematica* todo lo referente a las magnitudes calculables. En el siglo XVII se habla de matemáticas, englobando dentro de esta materia disciplinas que luego se diferenciarían, como geometría, álgebra o incluso ramas que actualmente incluiríamos dentro de la física.

En Auguste Comte encontramos la preocupación por denotar la unidad de la materia, al hablar de la matemática, en una época en que la separación con la física comienza a volverse más nítida. La primera se basa en conceptos abstractos mientras que la segunda describe los fenómenos del mundo. Esta idea cobra más fuerza en la década de 1960, con la introducción de las matemáticas llamadas modernas que pretenden ser independientes de la realidad.

mujeres matemáticas A pesar de terribles prejuicios en los tiempos más lejanos, muchas mujeres lucharon contra las instituciones y se destacaron en matemáticas. Hasta el siglo XX, pocas eran las mujeres que recibían una instrucción considerable, y el acceso a estudios más avanzados, por lo general, les estaba vedado. Muchas mujeres debían oponerse a los deseos de su propia familia, si querían estudiar. Algunas debieron incluso adoptar una falsa identidad, estudiar en condiciones terribles y trabajar en el aislamiento intelectual. Por consiguiente, muy pocas mujeres pudieron realizar alguna contribución a las matemáticas. Muchas de éstas mujeres provenían de familias de matemáticos. Emmy Noether, Hipatia, Maria Agnesi, al igual que otras, jamás se casaron, en parte porque no era socialmente aceptable que una mujer prosiguiese una carrera matemática, y por lo tanto los hombres se sentían poco inclinados a desposar jóvenes tan controvertidas. La matemática Sofia Kovalevskaia fue una excepción a esta regla: realizó un casamiento de conveniencia con un hombre que consentía en mantener una relación platónica. Para Sofia y su esposo, el casamiento representaba la posibilidad de escapar de sus familias y concentrarse en sus respectivos trabajos. El matrimonio también brindaba a Sofia una mayor libertad para viajar, pues en esa época, era más fácil viajar por Europa para una mujer casada que para una mujer soltera.

N

número *Numerus* en latín indicaba originariamente la cantidad. Sin embargo, se lo utilizaba para traducir la palabra *arithmos*. Este último término correspondía aproximadamente a la palabra latina pero designaba también lo que nosotros llamamos un número entero. Introducida en las lenguas romances en el siglo XII, la palabra conservó primeramente su sentido en latín. Expresaba una gran cantidad. La expresión «en gran número» proviene de esta acepción. El primer testimonio de su uso en matemáticas data de mediados del siglo XII y estaba aplicado al número áureo en el sentido de cantidad perfecta. «Número» comienza a emplearse desde entonces cada vez más para designar a un entero. Actualmente, distinguimos número y «cifra», éste último término representa los caracteres de la notación de los números.

número abundante Número inferior a la suma de todos sus divisores. Ejemplo: 12 es el primero, dado que $1 + 2 + 3 + 4 + 6 = 16$.

número algebraico Un número es algebraico si es la solución de una ecuación algebraica con coeficientes enteros. $\sqrt{2}$ lo es, por ejemplo, porque es la solución de $x^2 - 2 = 0$.

número amigo Parejas de números tales que cada uno de ellos es igual a la suma de todos los divisores del otro. Ejemplo: 220 y 284.

número áureo Valor de la proporción que resulta de dividir un segmento de recta de una manera a la vez disimétrica y armoniosa. Su valor es de 1,618 (se conoce también como «razón áurea»).

número automorfo Número que, multiplicado por sí mismo, da un producto que lo contiene como últimas cifras. Ejemplo: $25 \times 25 = 625$. Los números 5 y 6 son los automorfos más pequeños que se conocen.

número compuesto Número que no es primo.

número deficiente Número superior a la suma de todos sus divisores. Ejemplo: 8, puesto que $1 + 2 + 4 = 7$.

número figurado Agrupamiento según una forma geométrica regular (polígono o poliedro) de unidades, cuya suma corresponde al valor del número figurado.

números gemelos Números primos que sólo difieren en dos unidades. Ejemplo: 641 y 643.

número infinito actual (Ver *número transfinito*.)

número irracional Puede construirse geométricamente (ejemplo: diagonal de un cuadrado) sin que sea posible expresarlo mediante un valor fraccionario, por complicado que éste sea. Los números irracionales son soluciones de ecuaciones algebraicas de grado superior a 1.

números lineales Número figurado construido sobre la recta. Los números lineales no son sino la serie de los enteros naturales: 1, 2, 3, 4, etc.

números mágicos Serie de los números 2, 8, 20, 28, 50, 82, 126, que gobiernan la estructura de los núcleos atómicos particularmente estables.

números narcisistas Números iguales a la suma de sus n cifras, cada una elevada a la potencia n. Ejemplos: $153 = 1^3 + 5^3 + 3^3$; $370 = 3^3 + 7^3 + 0^3$. El número narcisista más grande tiene 39 cifras:

115.132.219.018.763.992.565.095.597.973.971.522.401. ¡Cada cifra debe ser elevada a la potencia 39!

número narcisista factorial o factorión Es un número igual a la suma de los factoriales de las cifras que lo componen. El número 145 es un «factorión» pues puede escribirse bajo la forma: 145 = 1! + 4! + 5!. Otros dos ejemplos minúsculos de factoriones: 1 = 1! y 2 = 2!. El factorión más grande que se conoce es 40 585. Fue descubierto en 1964 por R. Dougherty utilizando una búsqueda por computadora. Puede escribirse bajo la forma 40.585 = 4! + 0! + 5! + 5!.

números naturales La expresión «número natural» aparece alrededor de 1675. Es la época en que terminan de aceptarse los números negativos. Fue necesario entonces calificar a los números considerados como más conformes a la razón. Fue por esto que algunos los denominaron números naturales. Otros prefieren considerarlos como una parte de los números y los llaman afirmativos o, posteriormente, positivos, por oposición a los números poco antes bautizados como negativos.

números negativos La palabra «negativo» proviene del adjetivo latino *negativus*, que a su vez procede del verbo *negare*, que significa negar. Existe en francés desde el siglo XIII en el sentido de «que sirve para negar», luego, «que expresa negación». En el siglo XVI, un número inferior a cero se denominaba, con frecuencia, una «cantidad negada», sin que fuese considerado como un número.

La palabra *negativo* aparece en matemáticas con el uso corriente de los números inferiores a cero. Está documentado por primera vez en 1638. Los números negativos se empleaban para expresar un débito. Aparece gradualmente en esta época la diferencia entre la resta y la noción intrínseca de un número inferior a cero. Estos nuevos números no lograron, sin embargo, ganarse su lugar en la mente de quienes los utilizaban. Esto explica la utilización del término negativo para nombrarlos. Éste se opone a positivo, es decir que se basa en algo concreto, en los hechos, en algo cierto y real.

números ondulantes Números de forma ababababababab, por ejemplo 696 696, 171 171. Se encuentran decimales ondulantes en la periodicidad de los números racionales. Ejemplo: 135/11 = 12, 2727272727272727...

número ordinal Corresponde a la clasificación, al orden, al tamaño. Ejemplos: séptimo, décimosegundo.

número perfecto Exactamente igual a la suma de todos sus divisores. Ejemplo: 28, porque 1 + 2 + 4 + 7 + 14 = 28.

número poliédrico Número figurado construido en el espacio, utilizando como esqueleto soporte uno de los cinco poliedros regulares. Los números poliedrales fueron estudiados sistemáticamente por Descartes.

número primo Sólo es divisible por sí mismo y la unidad.

número racional Se expresa bajo la forma de la relación entre dos números enteros; también se los llama fraccionarios. Ejemplo: 21/8 o 32/422.

número trascendente Número irracional que no es solución de ninguna ecuación algebraica con coeficientes enteros o fraccionarios; por ejemplo π.

número transfinito o infinito actual El primero es el número de todos los números enteros; el segundo, el número de todos los puntos de una línea; el tercero, el número de todas las intersecciones, una por una, de todas las curvas trazadas sobre el plano.

número triangular Número figurado construido a partir del triángulo. Los más famosos son 10 (Tetraktys), 28 (número perfecto), 153 (en el Evangelio de san Juan) y 666 (la Bestia del Apocalipsis).

números vampiros Existen los vampiros en el mundo de las matemáticas, números que se asemejan a los números normales, pero que ocultan una diferencia. Son de hecho el producto de 2 números que sobreviven cuando se los multiplica, desordenados en el interior del número vampiro. Ejemplo: $27 \times 81 = 2.187$. Otro número vampiro es 1.435, que es el producto de 35 y 41. Los verdaderos vampiros deben respetar tres reglas: tener un número par de cifras; cada uno de los dos números de origen debe contener la mitad de las cifras del vampiro; y por último, un verdadero vampiro no puede obtenerse agregando simplemene 0 al final de un número, como en $270.000 \times 810.000 = 218.7000.000.000$.

numerología La numerología es el arte de interpretar los números, puestos en relación con el destino y sus variaciones. Requiere una técnica y gran sutileza para no caer en la trampa de la simplicidad o la irrazonabilidad de las afirmaciones. La mayoría de los numerólogos utilizan como soporte el apellido o el nombre de la persona que recurre a una «consulta numerológica», la fecha de nacimiento del interesado o la de sus padres, etc. De hecho, todos los soportes (personales) son válidos, ya que la numerología, en su fundamento, funciona mediante un sistema de asociaciones de ideas, cuyo dinamismo depende del valor de letras y números.

O

octaedro Poliedro regular cuyas caras son ocho triángulos equiláteros. Platón asociaba a él el elemento Aire.

ordinal (Ver *cardinal*.)

P

par Compuesto de dos partes iguales entre sí. Mediante suma consigo mismo, el par sólo puede generar un par. El principio del par es el número 2.

pentáculo Talismán que tiene la forma de una estrella de cinco puntas. Simboliza el miscrocosmos, dado que su forma sugiere la de un ser humano con los brazos extendidos y las piernas separadas.

pentágono Polígono regular de cinco lados. La palabra *pentagonos* existía ya en griego antiguo. El prefijo *penta-*, que significa cinco, también aparece en «pentatlón» (competición deportiva de cinco pruebas) y «pentateuco» (los cinco primeros libros de la Biblia).

permutación En latín, *permutare,* significaba «intercambio» y *permutatio* designaba un cambio, una modificación. En la Edad Media, la permutación era el trueque o el cambio. Hacia el siglo XV, su sentido se especializa en el de un intercambio entre dos elementos. Leibniz denominaba variación a lo que nosotros llamamos actualmente permutación. A principios del siglo XIX, más cerca del sentido latino, llaman «permutación» en matemáticas, a la modificación del orden de n letras. Sin embargo, algunos lo utilizan en el sentido de arreglo, orden. Encontramos el término empleado con frecuencia en Lagrange, Cauchy y Galois, en especial, cuando trabajan con raíces de una ecuación polinomial. (Ver *tzeruf.*)

π (pronunciado «pi») El matemático inglés William Jones fue el primero en utilizar, en 1706, la letra π para designar la relación de la circunferencia de un círculo con el diámetro. Jones escribía en latín, lengua en la que se designaba la circunferencia por medio de la palabra griega *peripheria.* Jones prefirió emplear la letra griega p, en vez de utilizar su equivalente latino, P, como hicieron distintos matemáticos. Esta notación se generalizó cuando Euler la adoptó en 1737, seguido poco tiempo después por Nicolas Bernoulli.

poli- Este prefijo proviene del griego *poly-,* a su vez una forma abreviada del adjetivo *polys* (numeroso, muchos). Se utiliza en la formación de muchas palabras científicas pero también en la lengua corriente: piénsese, por ejemplo, en «políglota» o «poligamia». En matemáticas, aparece en «polígono», «poliedro», «polinomio», etc.

poliedro El sufijo -edro proviene de la palabra griega *hedra* (asiento, silla, base, fundamento, sede, cara, etc.). Esta misma palabra se encuentra en el vocablo «cátedra» (asiento desde donde el maestro imparte lecciones) y «cátedra», (la sede del obispo). La palabra «poliedro» no existía en griego antiguo. Es una creación del siglo XVII. Sobre el modelo de poliedro se formaron nombres específicos correspondientes al número de caras de los cuerpos. *Poli-* fue reemplazado por el nombre de los números en griego: *tetra-* para cuatro, *octa-* para ocho, *dodeca-* para doce e *icosa-* para viente. Nótese que no suele hablarse de un hexaedro sino de un cubo.

poliedro de Arquímedes Sólido cuyos vértices están situados sobre una esfera y cuyas caras son polígonos regulares con aristas de la misma dimensión. Se utilizan dos o tres polígonos diferentes. Sólo existen trece poliedros de Arquímedes.

poliedro estrellado Sólido deducido de un poliedro regular mediante procedimientos análogos a aquellos que permiten pasar de los polígonos regulares a los polígonos estrellados. Existen, por consiguiente, un octaedro estrellado, tres dodecaedros estrellados y cuarenta y nueve icosaedros estrellados.

poliedro regular Sólido cuyos vértices están situados sobre una esfera y cuyas caras, todas idénticas, son polígonos regulares. Sólo existen cinco poliedros regulares.

polígono «Polígono» está formado por el prefijo *poli-* (numeroso, muchos) y *gonía* (ángulo). La raíz indoeuropea *gen* o *gon* designa, a la vez, lo que se relaciona con el nacimiento y lo que forma una curva, un ángulo. Al parecer, esta misma raíz también se encuentra en los nombres de Ginebra, Génova y la antigua Orleans, Genabum; todas ciudades ubicadas en lugares donde la costa o un río dibuja una curva. El adjetivo *polygônos* (que tiene muchos ángulos) ya existía en griego antiguo. Convertido en *polygonius* en latín, la palabra pasó a las lenguas modernas, una vez renacido el interés por la geometría. El nombre de un polígono determinado se obtiene reemplazando el prefijo *poli-* de esta palabra por el nombre griego del número correspondiente a la cantidad de ángulos. Se habla así de pentágono o de eneágono. Sólo los términos de triángulo y cuadrilátero constituyen excepciones a esta regla.

polígono estrellado Figura geométrica plana deducida de un polígono regular, al unir sus vértices de 2 en 2, de 3 en 3, etc.

polígono regular Figura geométrica constituida por los segmentos de recta que unen un conjunto de puntos regularmente dispuestos sobre un círculo. Ejemplos: triángulo equilátero, pentágono. Existe una infinidad de polígonos regulares.

positivo La expresión «número positivo» aparece alrededor de 1750. Es posterior a «número negativo» y «número natural». Los números superiores a cero sólo fueron nombrados en relación a los números negativos. Además, fue sólo a partir de entonces que «positivo» se convirtió en el antónimo de negativo. En el siglo anterior, se hablaba de «números afirmativos».

postulado Esta palabra fue introducida en el siglo XVIII por los matemáticos que trabajaban sobre las obras de Euclides y su quinto postulado. Está forjada a partir del verbo latino *postulare* (solicitar, desear, pretender) y designaba una proposición (una pretensión), no necesariamente evidente, que se daba por supuesta sin poder demostrarla como cierta. En aquella época se diferenciaba de un «axioma», verdad evidente en sí misma pero que tampoco podía demostrarse. Actualmente, esta diferencia ha perdido su sentido. Una teoría se basa en axiomas; éstos son sus principios básicos. La evidencia de los mismos depende de lo que aquella represente, según un determinado consenso, y queda, por lo tanto, fuera del dominio propio de la teoría.

producto De *ducere*, que significa «llevar, conducir, guiar»; «producir» quería decir literalmente «conducir hacia adelante, hacer salir, hacer aparecer» y, por extensión, «procrear, presentar». El verbo adquiere su significado actual con el desarrollo de la sociedad mercantil de fines de la Edad Media y principios del Renacimiento. En esa época, aparecieron muchas obras para familiarizar a los comerciantes, cada vez más numerosas, con el manejo de las cifras árabes. Con frecuencia, el resultado de la multiplicación corresponde al número de objetos vendidos, multiplicado por el costo unitario. Es, por lo tanto, el producto de la venta. Los dos términos de la multiplicación participan de ella; éstos conforman el producto, y se denominan «factores».

progresión Serie de números enteros generados de forma tal que cada uno es igual al anterior más un entero constante (progresión aritmética) o al anterior multiplicado por un entero constante (progresión geométrica). El entero constante se denomina «razón» de la progresión.

Q

quince Constante del cuadrado mágico más pequeño. Valor numérico del nombre de Dios escrito *yod-he*.

R

racional «Racional» es en la lengua corriente «lo que atañe a la razón», al igual que «razón» designa lo que atañe a la relación entre los números. Por eso las fracciones son números racionales. Señalemos, no obstante, que en un principio, las fracciones no eran consideradas propiamente como números. La palabra «racional» indica también la relación entre dos números, pero bajo su forma adjetival, designa un número. Para nuestra mentalidad, 3/5 es sinónimo de 0,6. No nos hace imaginar tres objetos entre cinco. En ese sentido 3/5 y 6/10 son iguales, designan exactamente lo mismo. En matemáticas, la palabra «racional» aparece alrededor de 150, al mismo tiempo que antónimo irracional. En esa época, los números irracionales a veces se denominan «números sordos», o sea, «vagos». Pareciera que esta apelación es una mala traducción de las palabras griegas «racional» (*logikos*) e «irracional» *(alogos)* al árabe en la época de al-Jwarizmi que a su vez pasaron al latín.

relación Comparación de dos números que resultan de su substracción (relación aritmética) o de su cociente (relación geométrica).

reducción novenaria o reducción teosófica: cada vez que el total de las cifras de un número alcanza dos cifras, se lo reduce mediante suma. Ejemplo 538 = 5 + 3 + 8 = 16 = 1 + 6 = 7.

T

tetraedro Poliedro regular cuya caras son cuatro triángulos equiláteros. Platón asociaba a él el elemento Fuego.

Tetraktys o Tetractís La Tetraktys, resumida en la fórmula del cuarto número triangular (10 = 1 + 2 + 3 + 4), representa el Cosmos, puesto que sintetiza la unidad (1), lo par (2), lo impar (3) y la medida (4).

treinta y seis Treinta y seis es el cuadrado del número 6, primer número perfecto, producto de los cuadrados de los enteros 2 y 3, que en la tradición pitagórica revisten un carácter sagrado. Existe en la kábala una tradición que habla de treinta y seis justos ocultos, sobre los cuales reposa el mundo.

triángulo pitagórico Triángulo rectángulo cuyos tres lados se miden por números enteros. El más famoso es el triángulo 3-4-5, a veces denominado «isíaco» o «de Isis», porque ya era conocido por los egipcios.

tzimtzum Palabra hebrea que, en la kábala, designa el retiro, o la retracción sobre sí mismo, de Dios antes de la creación, para dejar un lugar al mundo.

tzeruf Término hebreo que designa la combinación de las cifras o las letras. Ejemplo: 123, 321, 231, 213, etc.

V

vacío El adjetivo «vacío» (que proviene del adjetivo latino *vacivus* forma más rara y arcaica de *vaccus*) es antiguo en nuestra lengua. Pero al igual que el cero apareció mucho después que el resto de los números, habría que esperar hasta la primera mitad del siglo xx para que surgiera la necesidad de nombrar un conjunto sin elementos.

Glosario de nombres propios

Varias fuentes sirvieron de base para la realización de este glosario, en especial Stella Baruk, *Dictionnaire de mathématiques élementaires*, Le Seuil, París, 1992, y Clifford A. Pickover, *El prodigio de los números*, Robinbook, Ma Non Troppo, 2002, y *La maravilla de los números*, Robinbook, Ma Non Troppo, 2002.

A

Agnesi, Maria (Milán, 1718-Milán, 1799) Durante su adolescencia, estudió como autodidacta las matemáticas de Descartes, Leibniz y Euler. A los veinte años, publicó un tratado de filosofía. Tras la publicación de su libro en 1748, fue elegida miembro de la Academia de Ciencias de Bolonia. En 1749, el papa Benedicto XIV le confirió una medalla de oro y, al año siguiente, la nombró profesora de matemáticas de la Universidad de Bolonia, una situación extremadamente inusual, dado que muy pocas mujeres podían siquiera asistir a los cursos en la universidad. No obstante, ella rechazó este puesto para consagrar los últimos cuarenta y siete años de su vida al cuidado de mujeres enfermas y agonizantes.

Arquímedes (Siracusa, 287 a. C.-Siracusa 212 a. C.) Uno de los más grandes sabios de la Antigüedad. Hierón, rey de Siracusa, le habría confiado la tarea de revelar un supuesto fraude en la fabricación de una corona de oro, tomando la precaución de no alterar el valioso objeto. Arquímedes, habiendo observado, durante un baño, la disminución aparente del peso de su cuerpo, descubrió, junto con el principio fundamental de la hidrostática, un medio de satisfacer la solicitud del rey. Fue este hecho el que provocó que exclamara el famoso ¡eureka! ([lo] encontré). Aunque durante la toma de Siracusa, el general romano Marcellus ordenó a sus tropas dejar con vida a Arquímedes, éste pereció a manos de un soldado que no lo reconoció. Lo que hizo decir a algunos matemáticos que el único aporte de los romanos a la ciencia matemática fue la cabeza de Arquímedes.

Aristóteles (Estagira, 384 a. C.-Calquis, 322 a. C.) A los dieciocho años, viajó a Atenas, fue discípulo de Platón y permaneció en la Academia hasta la muerte del maestro (348 a. C.). En 343 a. C., Filipo de Macedonia lo convocó a su corte como preceptor de su hijo Alejandro, en aquel entonces de trece años de edad. Seis años más tarde, cuando Alejandro ascendió al trono, Aristóteles regresó a Atenas, donde fundó el Liceo.

B

Brezis, Haim (Riom-ès-Montagnes, 1944) Matemático francés contemporáneo, una de las figuras más destacadas de su generación en análisis funcional no líneal y uno de los principales especialistas en el estudio de las ecuaciones con derivadas parciales no lineales. Contribuyó a la aplicación de esta teoría a problemas surgidos de la geometría y de la física de cristales líquidos y de los superconductores. Actualmente es profesor de la Universidad París VI (Pierre et Marie Curie), miembro del Instituto Universitario de Francia, Visiting Distinguished Professor de la Universidad de Rutgers (EE. UU.) y del Technion (Israel), miembro de la Academia de Ciencias (París), miembro de la Academia Europaea, miembro extranjero de la National Academy of Sciences (EE. UU.), de la American Academy of Arts and Sciences, de la Académie Royal de Belgique, de la Academia Real de las Ciencias de Madrid y de la Academia de Rumanía, doctor honoris causa de la Universidad Católica de Lovaina, del Technion (Haifa, Israel), de la Universidad de Bucarest, de la Universidad Autónoma de Madrid y de la Universidad de Leiden. Profesor honorario de la Academia Sinica (Pekín) y de la Universidad Fudan (Shanghai).

Autor de centenares de artículos científicos y libros sobre cuestiones matemáticas. Haim Brezis es también autor de un libro de entrevistas con Jacques Vauthier, *Un mathématicien juif* (Beauchesne, 1999), que evoca las relaciones entre las matemáticas y los textos del pensamiento judío, la Biblia, el Talmud, y la kábala, recalcando especialmente la dimensión excepcional del estudio y la investigación dentro de la tradición judía. El diálogo también brinda a Brezis la ocasión de precisar su posición dentro de las corrientes matemáticas actuales, y de referirse a grandes figuras, a propósito del rol que cumple las matemáticas en la comprensión de la realidad.

C

Cantor, Georg (San Petersburgo, 1845-Halle, 1918) Matemático alemán. Fundador de la teoría de los conjuntos. Estudió el concepto de infinito, lo que lo llevó a definir su potencia y a introducir una jerarquía entre los infinitos. Definió los conjuntos numerables, los conjuntos derivados, los números cardinales y ordinales transfinitos y construyó su aritmética. Sus teorías, revolucionarias para la época, provocaron una verdadera crisis de las matemáticas y llevaron a la revisión de sus fundamentos.

Copérnico, Nicolas (Torun, 1473-Frauenburgo, 1543) Astrónomo polaco. Su libro *De Revolutionibus orbium caelestium* fue el primer tratado de astronomía heilocéntrica capaz de rivalizar con el sistema de Ptolomeo, expuesto catorce siglos antes en el Almagesto. Para Copérnico, el Sol ocupa el centro del universo. La Tierra y los planetas recorren órbitas circulares alrededor del Sol, en un movimiento uniforme. La Tierra realiza un giro completo sobre sí misma en 24 horas. Más allá de las órbitas planetarias se sitúa la esfera inmóvil de las estrellas fijas.

D

Dedekind, Richard (Brunswick, 1831-Brunswick, 1916) Matemático alemán. En 1850, fue admitido en la Universidad de Gotinga, donde siguió los cursos de los matemáticos Stern, Gauss y del físico Weber. Defendió frente a Gauss, en 1852, una tesis de doctorado sobre las integrales eulerianas. En 1857, fue nombrado profesor en el Polythecnicum de Zurich, y en 1862 profesor de la escuela superior de Brunswick, donde permaneció hasta su muerte. Fue amigo de Cantor, y contribuyó, mediante la correspondencia que mantuvo con él, a construir la teoría de los conjuntos.

Descartes, René (La Haya, 1596-Estocolmo, 1650) Filósofo y científico francés. Tras recibir su formación en el colegio de los jesuitas de La Flèche, se enroló en diversos ejércitos principescos y recorrió Europa durante varios años. Luego abandonó la carrera militar. Vivió veinte años en Holanda. Invitado por la reina Cristina de Suecia, Descartes fue víctima de una gripe fatal. Su obra, que tuvo una influencia considerable en el pensamiento occidental, aborda distintos ámbitos del conocimiemto: filosofía, matemáticas, física, medicina, etc.

Diofanto (siglo III o IV) Matemático griego de la escuela de Alejandría, conocido por su teoría innovadora de las ecuaciones de primer y segundo grado. De los trece libros de su Aritmética, sólo los primeros seis han llegado hasta nosotros. Su influencia sobre los algebristas del Renacimiento ha sido considerable.

E

Erdös, Paul (Budapest, 1913-Varsovia, 1996) Este matemático legendario, uno de los más prolíficos de la historia, sentía tal devoción por las matemáticas que vivió gran parte de su existencia como un nómada, sin casa ni trabajo. Durante el último año de su vida, con ochenta y tres años, continuó manejando teoremas y dando conferencias, desmintiendo la idea convencional de que las matemáticas son un deporte para jóvenes. A este respecto, Erdös dijo un día que el «primer signo de senilidad de un hombre es cuando olvida sus teoremas, el segundo cuando olvida cerrar su bragueta, el tercero cuando olvida abrirla».

Euclides (siglo III a. C.) Geómetra, teórico de los números, astrónomo y físico griego, célebre por su tratado *Elementos de geometría*, una obra en trece volúmenes que constituye el tratado de matemáticas griego más antiguo y sustancial que haya sobrevivido.

Euler, Leonhard (Basilea, 1707-San Petersburgo, 1783) Matemático suizo. Su obra, que aborda todas las ramas de las matemáticas de su época, es considerable. Es el matemático más prolífico de la historia. Discípulo del matemático Jean Bernoulli, trabó amistad con sus hijos, Nicolas y Daniel, con quienes se reunió en San Petersburgo en 1727, por invitación de la emperatriz Catalina. Falleció en 1783 de un ataque de apoplejía. Euler publicó más de ocho mil libros y artículos, casi todos en latín, sobre todos los aspectos de las matemáticas puras y aplicadas, de la física y de la astronomía.

F

Fermat, Pierre de (Beaumont-de-Lomagne, 1601-Castres, 1665) Matemático francés. Procedía de una familia burguesa, y muy pronto aprendió latín, griego, español e italiano. En 1631, adquirió un cargo en el parlamento de Tolosa que lo llevó a residir en Castres, en la Chambre de l'Édit, que reunía parlamentarios católicos y protestantes. Fermat se encuentra, junto con Descartes, en el origen de la geometría analítica. Realizó una contribución sustancial a la teoría de números y puede ser considerado como un precursor del cálculo diferencial. Creó, junto con Pascal, el cálculo de probabilidades. Sus trabajos se conocen fundamentalmente gracias a la correspondencia que mantuvo con Pierre de Carcavi y el padre Mersenne.

Fibonacci, Leonardo, llamado Leonardo de Pisa (Pisa, h. 1175-Pisa, después de 1240) Ver el capítulo «Fibonacci y el *Liber Abaci*».

G

Galileo (Pisa, 1564-Arcetri, 1642) Astrónomo y físico italiano. Galileo Galilei es considerado uno de los fundadores del método experimental y de la dinámica. Dejando caer bolitas desde lo alto de la torre de Pisa, descubrió que todos los cuerpos caen a la misma velocidad, luego determinó las leyes generales de su movimiento usando un plano inclinado. Enunció la ley de composición de las velocidades y el principio de la inercia. En 1638, estableció que la trayectoria de un proyectil en el vacío es una parábola. Se debe a él la fabricación de uno de los primeros microscopios. Con la ayuda de un telescopio que construyó en Venecia en 1609, se dedicó a la observación del sistema solar y de la Vía Láctea. Tras adoptar el sistema copernicano, se le prohibió ejercer la enseñanza. La obra que publicó en Florencia en 1632, en la que confirmaba las ideas de Copérnico, lo llevó a compadecer ante un tribunal de la Inquisición. Para escapar al encarcelamiento, abjuró frente al Consejo del Santo Oficio en 1613. Fue en esa ocasión cuando habría dicho: «Eppur' si muove!» («¡Sin embargo, se mueve!»).

Galois, Évariste (Bourg-la-Reine, 1811-París, 1832) Autor de la teoría de Galois. Este matemático, famoso por sus contribuciones a la teoría de grupos, creó un método para determinar si una ecuación general puede resolverse por radicales. Retado a duelo, aceptó el desafío, sabiendo que moriría. En vistas a su fin inminente, pasó toda la noche anotando febrilmente sus ideas matemáticas y sus descubrientos tan exhaustivamente como pudo. Al día siguiente recibió un balazo en el estómago, quedó tirado sobre la hierba sin recibir ayuda alguna. No había médico que pudiera socorrerlo, y el vencedor partió tan campante, dejando a Galois en medio de una dolorosa agonía. En 1848, la teoría de grupos progresó lo suficiente como para que sus descubrimientos pudieran ser apreciados. Su reputación matemática reposa en menos de cien páginas de un trabajo sumamente original, publicado póstumamente.

Gauss, Carl Friedrich (Brunswick, 1777-Gotinga, 1885) Trabajó en ámbitos muy variados de las matemáticas y la física, entre los cuales figuran el álgebra, las probabilidades, la estadística, la teoría de números, el análisis, la geometría diferencial, la geodesia, el magnetismo, la astronomía y la óptica. Su trabajo tuvo una inmensa influencia en numerosos campos. Cuando era niño, su gran precocidad en matemáticas atrajo la atención del duque de Brunswick, quien financió sus estudios. En 1989 se descubrió un cuaderno que Gauss llevaba en latín en su juventud y que muestra que, desde los quince años, había formulado conjeturas que incluían numerosos resultados sorprendentes, entre los cuales figura el teorema de los números primos y las ideas de geometría no euclideana.

Germain, Sophie (París, 1776-París, 1831) Esta mujer realizó contribuciones fundamentales a la teoría de números, a la acústica y a la elasticidad. A los trece años, leyó un libro que relataba la muerte de Arquímedes a manos de un soldado romano. Quedó tan conmovida por esta historia que decidió convertirse en matemática. Sophie obtuvo los apuntes de varios cursos de la École Polytechnique. Tras haber leído los de análisis de Joseph-Louis Lagrange, utilizó el pseudónimo de M. Leblanc para enviarle un artículo, cuya originalidad y profundidad impulsaron a Lagrange a buscar desesperadamente a su autor. Cuando descubrió que «M. Leblanc» era una mujer, su respeto por el trabajo no se vio en nada disminuido. Lagrange se convirtió en su padrino y su consejero en matemáticas. Sophie demostró que si $x^5 + y^5 + z^5 = 0$, entonces uno de los tres enteros relativos x, y o z es divisible por 5. El teorema de Germain fue un paso importante hacia la demostración del gran teorema de Fermat.

H

Hilbert, David (Köningberg, 1862-Gotinga, 1943) Matemático y filósofo alemán, a menudo considerado el matemático más importante del siglo XX. Contribuyó al estudio del álgebra, los cuerpos de números, las ecuaciones integrales, el análisis funcional y las matemáticas aplicadas.

Hipatia (Alejandría, 370-Alejandría, 415) Esta primera mujer matemática fue célebre por sus discursos, los más populares de la civilización occidental, y por su capacidad para resolver problemas mejor que nadie. Fue la primera mujer en realizar una contribución significativa al desarrollo de las matemáticas. Hija del matemático Teón, se encontró finalmente a la cabeza de la escuela platónica de Alejandría. Llegó a simbolizar las ideas científicas, que desagraciadamente los primeros cristianos identificaron con el paganismo. Halló la muerte a manos de una muchedumbre que la arrancó de su carro y la despellejó con conchas de ostras.

Hopper, Grace (Nueva York, 1907-Arlington, 1992) Matemática estadounidense. Hopper enseñó matemáticas en Vassar y trabajó en 1944 con el matemático Howard Aikin, en la computadora Mark I de Harvard. En esa época, inventó el término «bug» para designar un error informático. (El bug original, que en inglés significa insecto, bicho, era en realidad una mariposa nocturna que provocó un error material en el Mark I). En 1966, dejó la Marina norteamericana con un alto rango, pero siguió participando de la estandarización de sus lenguajes de programación. En 1991 recibió la Medalla nacional de la tecnología.

K

Kovalevskaia, Sofia Vassilevna (Moscú, 1850-Estocolmo, 1891) Kovaleskaia realizó valiosas contribuciones a la teoría de las ecuaciones diferenciales y fue la primera mujer que obtuvo un doctorado en matemáticas. Como la mayoría de los matemáticos geniales, Sofia se enamoró de esta disciplina siendo muy joven. A los once años, colgaba en las paredes de su habitación papeles llenos de cálculos. En 1869, Sofia viajó a Heidelberg para estudiar matemáticas, pero descubrió que las mujeres no podían ir a la universidad. Finalmente convenció a la dirección de la universidad para que la dejaran asisitir oficiosamente a las clases. Sofia atrajo inmediatamente la atención de sus profesores por su brillante capacidad en matemáticas. En 1871, viajó a Berlín para estudiar con el matemático Karl Weierstrass. En 1874, obtuvo su doctorado, summa cum laude, en la Universidad de Gotinga. A pesar de su doctorado y las entusiastas cartas de recomendación de Weierstrass, no pudo conseguir un puesto académico por su condición sexual.

L

Lambert, Johann Heinrich (Mulhouse, 1728-Berlín, 1777) Matemático y físico francés. En matemáticas, es conocido por haber establecido la irracionalidad del número π en 1768 y fundado la trigonometría esférica en 1770. En física, fue uno de los fundadores de la fotometría.

Legendre, Adrien Marie (París, 1752-París, 1833) Matemático francés, cuya obra más notable fue la teoría de las integrales elípticas. Intentó en varias oportunidades demostrar el quinto postulado de Euclides.

Lindemann, Ferdinand von (Hanover, 1852-Múnich, 1939) Matemático alemán que aportó una respuesta definitiva al problema de la cuadratura del círculo, demostrando la trascendencia del número π.

N

Nash, John F. (Bluefield, 1928) Este brillante matemático recibió en 1994 el Premio Nobel de economía. El trabajo de Nash premiado con este célebre galardón había aparecido publicado casi medio siglo antes, en su breve tesis de doctorado, escrita a la edad de veintiún años. En 1950, el estudiante Nash, diplomado en Princeton, formuló un teorema que permitió al campo de la teoría de los juegos ejercer gran influencia en la economía moderna. En 1958, Fortune distinguió a Nash por sus resultados en la teoría de los juegos, en geometría algebraica y en la teoría no lineal, y lo nombró el «matemático más brillante de la generación joven». Parecía destinado a una carrera brillante, pero en 1959, fue internado y se le diagnosticó una esquizofrenia. Princeton y sus dirigentes sostuvieron a Nash y le permitieron amablemente errar por el departamento de matemáticas durante casi treinta años. Se volvió un personaje silencioso que garabateaba extrañas ecuaciones sobre los pizarrones de los pabellones de matemáticas y buscaba mensajes secretos en los números. Desgraciadamente, el hijo de Nash también era esquizofrénico, pero era lo bastante versado en matemáticas como para que la Universidad de Rutgers le otorgase un doctorado.

Newton, Isaac (Woolsthorpe, 1642-Londres, 1727) Brillante matemático, físico y astrónomo inglés. Él y Gottfried Leibniz inventaron el cálculo diferencial independientemente uno del otro. Newton, un hijo póstumo, nacido el día de Navidad de 1642, había inventado, con apenas veinte años de edad, el cálculo diferencial, probado que la luz blanca es una mezcla de colores, explicado el arco iris, construido el primer telescopio de reflexión, descubierto la fórmula del binomio, introducido coordenadas polares y demostrado que la fuerza que hace caer las manzanas del árbol es la misma que la que dirige el movimiento de los planetas y provoca las mareas.

Newton era, asimismo, un fundamentalista respecto de la lectura de la Biblia; creía en la realidad de los ángeles, de los demonios y de Satán. Subscribía una interpretación literal del Génesis y creía que la Tierra tenía sólo algunos miles de años de antigüedad. De hecho, Newton pasó gran parte de su vida intentando probar que el Antiguo Testamento era un relato fiel de la historia. Se comparaba a un pequeño muchacho que «juega en la playa y, de vez en cuando, se divierte buscando una piedra más lisa o un caracol más pulido que los otros, mientras delante (de él) el vasto océano de la verdad se extiende inexplorado».

Noether, Emmy (Erlangen, 1882-Byrn Mawr, 1935) Matemática que fue descrita por Einstein como «el genio creativo más significativo en matemáticas producido hasta la fecha desde que las mujeres tienen acceso a los estudios superiores». Es conocida sobre todo por sus contribuciones al álgrebra abstracta y, en particular, por su estudio de las «condiciones en cadena de los ideales dentro de los anillos». Además, en 1915, descubrió un resultado de física teórica, llamado a veces teorema de Noether. Este resultado básico de la teoría general de la relatividad era elogiado por Einstein. El trabajo de Noether sobre la teoría de los invariantes condujo a la formulación de varios conceptos de la teoría general de la relatividad de Einstein. En 1933, a pesar de sus magníficos resultados, los nazis ordenaron su expulsión de la Universidad de Gotinga porque Noether era judía. Más tarde, dio clases en el Instituto de Estudios Avanzados de Princeton.

P

Pascal, Blaise (Clermont-Ferrand, 1623-París, 1662) Geómetra, probabilista, físico y filósofo francés. Pascal y Fermat descubrieron la teoría de las probalidades independientemente uno del otro. Pascal inventó también la primera máquina de calcular, estudió las secciones cónicas y encontró importantes teoremas en geometría proyectiva. Su padre, matemático también, se hizo cargo de su educación y no le autorizaba a iniciar un estudio hasta estar seguro de que su hijo podría manejarlo con facilidad. De pronto, a los once años, Pascal estudió por sí solo, y en secreto, las veintitrés primeras proposiciones de Euclides. A los dieciséis años, publicó sus ensayos sobre las secciones cónicas, y Descartes se negó a creer que se trataba del trabajo de un adolescente. En 1654, Blaise Pascal decidió que la religión se adecuaba mejor a sus gustos y, siguiendo los pasos de su hermana, se retiró a un convento, abandonando las matemáticas y la vida en sociedad.

Platón (Atenas, 428 a. C.-Atenas, 348 a. C.) Nacido en los primeros años de la guerra del Peloponeso, Platón falleció con más de ochenta años, cuando Filipo de Macedonia ya había emprendido la conquista de Grecia. Aristón, su padre, era un noble que pretendía descender del último rey de Atenas. Proveniente de una familia aristocrática, Platón fue, como la mayoría de los jóvenes de su ambiente, discípulo de los sofistas. Siguiendo el ejemplo de su primo Critias, de su tío Carmides y de su amigo Alcibíades, fue también discípulo de Sócrates. Su verdadero nombre era Aristocles y es muy probable que deba su sobrenombre de Platón (el Ancho) a su maestro de gimnasia. Según Diógenes Laercio, primeramente, se habría dedicado a la pintura, a la poesía y a la tragedia. Luego, alrededor de los veinte años, tras conocer a Sócrates, habría quemado sus poemas. Las matemáticas ocupan un lugar privilegiado en el sistema educativo de Platón.

Poincaré, Henri (Nancy, 1854-París, 1912) Gran matemático, físico, teórico, astrónomo y filósofo francés. Fue uno de los creadores de la topología algebraica y de la teoría de las funciones analíticas de múltiples variables complejas. En matemáticas aplicadas, estudió óptica, electricidad, termodinámica, la teoría de los potenciales, la teoría cuántica, la teoría de la relatividad y la cosmología. En el campo de la mecánica celeste, trabajó en el problema de tres cuerpos, y en las teorías de la luz y de las ondas electromagnéticas. Es reconocido como el codescubridor, junto a Albert Einstein y Hendrik Lorentz, de la teoría de la relatividad restringida. En sus investigaciones sobre las órbitas planetarias, Poincaré fue el primero en considerar la posibilidad del caos en un sistema determinista.

Ptolomeo, Claudio (Ptolemais Hermiu, hacia 90-Canope, hacia 168) Astrónomo, geógrafo y matemático griego de Alejandría. Es el astrónomo más famoso de la Antigüedad. Su gran *Sintaxis matemática* (hacia 140), el *Almagesto* de los árabes, reune la totalidad de los conocimientos astronómicos de su tiempo. Inspirándose en los trabajos de Hiparco,

Claudio Ptolomeo desarrolló un sistema geocéntrico que se mantuvo en uso hasta que fue reemplazado por el sistema heliocéntrico de Copérnico. Fue sin duda el primero en intentar demostrar el quinto postulado de Euclides, a partir de los cuatro primeros. Sus investigaciones astronómicas lo llevaron a efectuar algunos avances en trigonometría.

Pitágoras (siglo VI a. C.) Ver el capítulo dedicado a él, «Pitágoras y la armonía de los números».

R

Ramanujan, Srinivasa, (Érode, 1887-Kumbakonam, 1920) Ramanujan, un empleado del servicio de contabilidad de Madrás, se convirtió en el genio más grande de las matemáticas de la India y uno de los mejores matemáticos del siglo XX. Realizó contribuciones sustanciales a la teoría analítica de los números y trabajó en las funciones elípticas, las fracciones continuas y las series infinitas. De origen pobre y autodidacto, Ramanujan obtuvo una beca de investigación en la Universidad de Madrás en 1903, pero la perdió al año siguiente, porque consagraba todo su tiempo a las matemáticas y descuidaba las otras materias. Hardy, un profesor del Trinity College, lo invitó a Cambridge tras haber leído una memoria hoy histórica que Ramanujan le envió, y que contenía más de cien teoremas. Algunos años más tarde, debilitado por su estricto vegetarianismo, Ramanujan cayó gravemente enfermo de tuberculosis. Sin embargo, ni los médicos ni su familia pudieron convencerlo de interrumpir sus investigaciones. Regresó a la India en febrero de 1919 y falleció en abril de 1920, a la edad de treinta y dos años. Durante este periodo, escribió cerca de seiscientos teoremas en hojas sueltas. Éstas fueron descubiertas en 1976 por el profesor George Andrews de la Universidad del Estado de Pennsilvania, quien las publicó bajo el título Los cuadernos perdidos de Ramanujan. Numerosas fórmulas del matemático ocupan hoy un lugar central en las teorías modernas de los números algebraicos.

Rasiowa, Helena (Viena, 1917-Varsovia, 1994) Helena ceció en Varsovia y, en aquella época, la invasión alemana de Polonia en 1939 volvía muy peligrosa la prosecución de sus estudios de matemáticas. No obstante, perseveró en vistas a la obtención de su licenciatura. En 1944, cuando los alemanes aplastaron el levantamiento de Varsovia, su tesis ardió entre las llamas que destruyeron su casa. Helena sobrevivió con su madre en un sótano cubierto por las ruinas del edificio. Su tesis de doctorado de 1950 (Tratamiento algebraico del cálculo funcional de Lewis y Heyting), presentada en la Universidad de Varsovia, trataba de álgebra y lógica. Rasiowa escaló regularmente los peldaños de la carrera hasta alcanzar el grado de profesora en 1967. Sus principales investigaciones trataban sobre lógica algebraica y los fundamentos de la informática. En 1984, desarrolló técnicas que hoy ocupan un lugar central en el estudio de la inteligencia artificial.

Riemann, Bernhard (Hanover, 1826-Selasca, 1866) Matemático alemán que realizó importantes aportes a la geometría, a las variables complejas, a la teoría de números, a la topología y a la física teórica. Sus ideas respecto de la geometría en el espacio ejercieron una gran influencia sobre la teoría de la relatividad general. Su nombre está indisolublemente asociado a la «hipótesis de Riemann», un famoso problema no resuelto referente a la función zeta, central para el estudio de la distribución de los números primos.

Robinson, Julia (San Luis, 1919-Oakland, 1985) Robinson estudió la teoría de números y fue la primera mujer elegida para formar parte de la Academia Nacional de Ciencias Norteamericana y la primera mujer presidente de la American Mathematical Society.

T

Tales de Mileto (Mileto, hacia 625 a. C.-Mileto hacia 546 a. C.) Designado por Diógenes Laercio como uno de los Siete Sabios, Tales fue un hombre de múltiples facetas: comerciante, diplomático, estadista, filósofo, matemático, ingeniero. En sus inicios, parece haber sido un hábil comerciante. Tras adquirir una gran fortuna, habría gozado de la libertad de viajar y de dedicarse por entero a sus investigaciones. Durante sus periplos, adquirió algunos conocimientos de álgebra y de astronomía en contacto con los babilonios, y de geometría en Egipto. De regreso a Mileto, se hizo célebre por distintos aspectos de su talento. Según el historiador griego Herodoto, que vivió un siglo después que él, habría predicho un eclipse de sol en 585 a. C. Pero muchas otras leyendas circulan sobre él. Una noche, mientras caminaba con la vista fija en las estrellas, no vio una fosa que se abría delante de él. Su sirvienta, que había presenciado toda la escena, se burló de él abiertamente. A partir de entonces, esta historia atravesó los siglos y adoptó diversas formas, hasta aparecer en La Fontaine (fábula de El astrólogo que cae en un pozo): «Un astrólogo un día cayó / en el fondo de un pozo. Le dijeron: "Pobre tonto, / mientras que apenas a tus pies puedes ver, / ¿piensas leer por encima de tu cabeza?"».

W

Wiles, Andrew (Cambridge, 1953) Ver el capítulo consagrado a él, «Pitágoras, Fermat y Wiles».

Bibliografía

Adamoff, Georges (ver *Peignot J.*).

Allendy, René, *Le symbolisme des nombres: essai d'arithmosophie*, Éditions traditionnelles, París, 1984.

Ball, Walter William Rouse, *Récréations mathématiques*, J. Gabay, Sceaux, 1992 (edición facsímil de l'édition Hermann, París, 1907).

Baruk, Stella, *Doubles jeux: fantaisies sur des mots mathématiques*, Le Seuil, París, 2000.

Baruk, Stella, *Dictionnaire de mathématiques élémentaires*, Le Seuil, París, 1992.

Baudet, Jean, *Nouvel abrégé d'histoire des mathématiques*, Vuibert, París, 2002.

Berteaux, Raoul, *La symbolique des nombres*, Edimaf, París, 1998.

Bindel, Ernst, *Les nombres et leurs fondements spirituels*, Éditions anthroposophiques romandes, Ginebra, 1985.

Brezis, Haim, *Un mathématicien juif* (entrevistas con Jacques Vauthier), Beauchesne, París, 1999.

Bruter, Claude-Paul, *La construction des nombres*, Ellipses, París, 2000.

Chaboche, François-Xavier, *Vie et mystere des nombres*, Albin Michel, París, 1976.

Christin, Anne-Marie (ed.), *Histoire de l'écriture: de l'idéogramme au multimédia*, Flammarion, París, 2001.

Dantzig, Tobias, *Le nombre, langage de la science*, Blanchart, París, 1974.

Datta, Bibhutibhusan y Singh Avadhesh Narayan, *History of Hindu Mathematics*, Asia Publishing House, Bombay, 1962.

Delahaye, Jean-Paul, *Le fascinant nombre pi*, Éditions Pour la Science, París, 1997.

Delahaye, Jean-Paul, *Merveilleux nombres premiers: voyage au coeur de l'arithmétique*, Belin, París, 2000.

Duvillié, Bernard, *Sur les traces de l'Homo mathematicus*, Ellipses, París, 1999.

Février, James G., *Histoire de l'écriture*, Payot, París, 1948.

Fermier, Jean-Daniel, *ABC de la numérologie chinoise de Lo-Chou*, J. Grancher, 1993.

Fernández, Bastien, *Le monde des nombres*, Le Pommier, 2000.

Filliozat, Jean (ver *Renou, L.*)

Filliozat, Jean, «Écriture *nagad*», en *Notices sur les caracteres étrangers et modernes*, Imprimerie nationale, París, 1948.

Fiszel, Roland (ed.), *Les caracteres de l'Imprimerie nationale*, Imprimerie nationale, París, 1990.

Frédéric, Louis, *Dictionnaire de la civilisation indienne*, Robert Laffont, «Bouquins», París, 1987.

Frédéric, Louis, *Le Lotus*, Éditions du Félin, París, 1988.

Freitas, Lima de, *515, le lieu du miroir: art et numérologie*, Albin Michel, París, 1993.

Ghyka, Matila Costiescu, *Le Nombre d' or*, Gallirnard, «La Nouvelle Revue Française», París, 1931.

—*Filosofía y mística del número*, Ediciones Apóstrofe, 1998.

Gobert, M.-H., *Les nombres sacrés et l'origine des religions*, Stock, París, 1998.

Gold, Robert, *Dieu et le nombre pi*, Éditions Otniel Bène Kénane, Jerusalem, 1997.

Guedj, Denis, *L'Empire des nombres*, «Découvertes», Gallimard, París, 1996.

Guedj, Denis, *El teorema del loro: novela para aprender matemáticas*, Anagrama, Barcelona, 2003.

Guitel, Geneviève, *Histoire comparée des numérations écrites*, Flammarion, París, 1975.

Hakenholz, Christian, *Nombre d'or et mathématique*, Chalagam, Marsella, 2001.

Hauchecorne, Bertrand, *Les mots et les maths*, Ellipses, París, 2003.

Jouette, André, *El secreto de los números*, Robinbook, Ma Non Troppo, Barcelona, 2000.

Jouven, Georges, *Les nombres cachés: ésotérisme arithmologique*, Dervy, París, 1978.

Karpinski, Louis Charles (ver *Smith, D. E.*).

Lahy, Georges (Virya), *Paroles de nombres*, Lahy, Roquevaire, 2003.

Laura, Marc, *Extraits littéraires et empreintes mathématiques*, Hermann, París, 2001.

Le Lionnais, François, *Les nombres remarquables*, Hermann, París, 1983.

Lévy, Tony, *Figures de l'infini: les mathématiques au miroir des cultures*, Le Seuil, París, 1987.

Mankiewicz, Richard, *Historia de la matemática: del cálculo al caos*, Paidós Ibérica, 2002.

Menninger, Karl, *Number Words and Number Symbols: a Cultural History of Numbers*, MIT Press, Boston, 1969.

Molk, Jules (ed.), *Encyclopédie des sciences mathématiques pures et appliquées*, J. Gabay, Sceaux, 1991.

Nancy, Jean-Luc, *El «hay» de la relación sexual*, Síntesis, Madrid, 2003.

Needham, Joseph, *Grandeza y miseria de la tradición científica china*, Anagrama, Barcelona, 1977.

Noël, Émile (entrevistas), *Le matin des mathématiciens*, Belin, París, 1985.

Peignot, Jérôme, *Du chiffre*, J. Damase, París, 1982.

Peignot, Jérôme et Georges Adamoff, *Le chiffre*, P. Tisné, París, 1969.

Péré-Christin, Évelyne, *L'Escalier: métamorphoses architecturales*, Alternatives, París, 200l.

Perelman, Iakov, *Expériences et problemes récréatifs*, Mir Publishers, Moscú, 1974.

Perelman, Iakov, *Matemáticas recreativas*, Martínez Roca, Barcelona, 2000.

Perelman, Iakov, *Oh, les maths 1*, Dunod, París, 1992.

Pézennec, Jean, *Promenades au pays des nombres*, Ellipses Marketing, París, 2002.

Pickover, Clifford A., *El prodigio de los números*, Robinbook, Ma non troppo, Barcelona, 2002

—*La maravilla de los números*, Robinbook, Ma non troppo, Barcelona, 2002.

Pihan, A. P., *Exposé des signes de numération usitée chez les peuples orientaux ancienes et modernes*, Imprimerie orientale, París, 1860.

Pihan, A. P., *Notices sur les divers genres d'écriture des Arabes, des Persans et des Turcs*, París, 1856.

Pinault, Georges-Jean, «Écritures de l'Inde continentale», en *Histoire de l'écriture* (ver Christin, A. M.).

Prinsep, James, «On the inscriptions of Piyadasi or Ashoka», en *The Journal of the Asiatic Society of Bengal*, Calcuta, 1838.

Rachline, François, *De zéro à epsilon*, First, París, 1991.

Renou, Louis et Jean Fillliozat, *L'Inde classique: manuel des études indienncs*, École française d'Extreme-Orient, París, 1985 (reimpresion 200l).

Salomon, Richard, *Indian Epigraphy: a Guide to the Study of Inscriptions in Sanskrit, Praktit and the Other Indo-Aryan Languages*, University Press, Oxford, 1998.

Sauvaget, Jean, «Écritures arabes», en *Notices sur les caracteres étrangers et modernes*, Imprimerie nationale, París, 1948.

Seife, Charles, *Zéro, la biographie d'une idée dangereuse*, J.-C. Lattes, París, 2002.

Sesiano, Jacques, *Une introduction a l'histoire de l'algebre*, Presses polytechniques et universitaires romandes, Lausana, 1999.

Singh, Avadhesh Narayan (ver *Datta B.*).

Singh, Simon, *Histoire des codes secrets: de l'Égypte des pharaons a l'ordinateur quantique*, J.-C. Lattès, París, 1999.

Singh, Simon, *El enigma de Fermat*, Planeta, Barcelona, 2003.

Smith, David Eugene y Louis Charles Karpinski, *The Hindu-Arabic Numerals*, Ginn, Boston, 1911.

Smith, David Eugene, *History of Mathematics*, Ginn, Boston, 1925.

Smith, David Eugene y Jekuthiel Ginsburg, *Numbers and Numerals*, National Council of Teachers of Mathematics, Washington, 1937.

Smith, David Eugene, *Numbers Stories of Long Ago*, Ginn, Boston, 1919.

Smith, David Eugene, *Rara Arithmetica*, Ginn, Boston, 1908.

Stewart, Ian, *El laberinto mágico*, Crítica, Barcelona, 2001.

Struik, Dirk Jan, *A Concise History of Mathematics* (ed. revisada), Dover, NuevaYork, 1987.

Tate, Georges, *Las cruzadas*, Ediciones B, Barcelona, 1999.

Thompson, John Eric Sidney, *Grandeur et décadence de la civilisation maya*, Payot, París, 1980.

Warusfel, André, *Los números y sus misterios*, Ediciones Martínez Roca, Barcelona, 1977.

Woepcke, Franz, «Mémoire sur la propagation des chiffres indiens», en *Journal asiatique*, serie 6, tomo I, enero-febrero, Imprimerie impériale, París, 1863.

Créditos fotográficos

El prodigio de los números
Clifford A. Pickover

Desafíos, paradojas y curiosidades matemáticas. Repleto de provocativos misterios, acertijos y enigmas matemáticos (junto con las respuestas a todas estas cuestiones), Clifford A. Pickover nos conduce al hasta el fascinante ámbito de la ciencia matemática y nos absorve en sus mil y una paradojas, aparentemente disparatadas, cuya resolución y comprensión provocan una inmediata descarga de lucidez mental.

La maravilla de los números
Clifford A. Pickover

En este libro, continuación de *El prodigio de los números,* Clifford A. Pickover vuelve a hacer las delicias de los amantes de las matemáticas.

En *La maravilla de los números* se dan cita lo mejor y lo más sorprendente del mundo de las matemáticas: observaciones asombrosas, entretenidos y paradójicos rompecabezas, distracciones matemáticas..., con las respectivas respuestas a cada problema.

El secreto de los números
André Jouette

Juegos, enigmas y curiosidades matemáticas universales. Esta obra explora desde una perspectiva original, a la vez lúcida y rigurosa, la ciencia íntima de los números y las construcciones numéricas, así como los ámbitos cotidianos y específicos donde éstos se emplean. Un libro que nos acerca al lenguaje y los secretos de los números a través de un entretenido viaje por sus sencillas, aunque inadvertidas, leyes aritméticas.

El lenguaje de las matemáticas
Keith Devlin

El autor consigue hacer comprensible y sencillo lo que, a menudo, se nos presenta como oculto y complejo. Así, las matemáticas son aquí presentadas como una de las facetas más ricas y activas de la cultura y la mente humanas. *El lenguaje de las matemáticas* ofrece varios niveles de lectura; el lector común podrá acceder a sus brillantes exposiciones e incluso seguir las clarificadoras demostraciones y formulaciones que apoyan el texto, con las que disfrutarán especialmente los lectores con más conocimientos matemáticos.